ニュートン式 超図解 最強に面白い!!

無

はじめに

「無」とは，何でしょうか？　無という言葉は，何も存在しないことを意味します。そのような無は退屈で，何も論ずることはないように思えるかもしれません。

しかし科学者たちは，そうは考えません。実際の無は，実にダイナミックでエキサイティングです。たとえば，空間から物質などをすべて取り除いて，完ぺきな「無」の空間をつくったとしても，そこには無数の粒子がひとりでにわきたっているといいます。また，時間も空間さえも存在しない「無」から，宇宙が生まれるという仮説も提案されています。無は現代の物理学にとって重要な要素であり，無のすべてを知る者は，すべてを知りつくすといわれるほどなのです。

本書では無を，数字，空間，時空の三つの観点から，“最強に”面白く紹介します。無から解き明かすエキサイティンングな世界を，どうぞお楽しみください。

ニュートン式 超図解 最強に面白い!!

無

イントロダクション

1. 数字の「無」の誕生

2. 自然界に登場する「無」の数

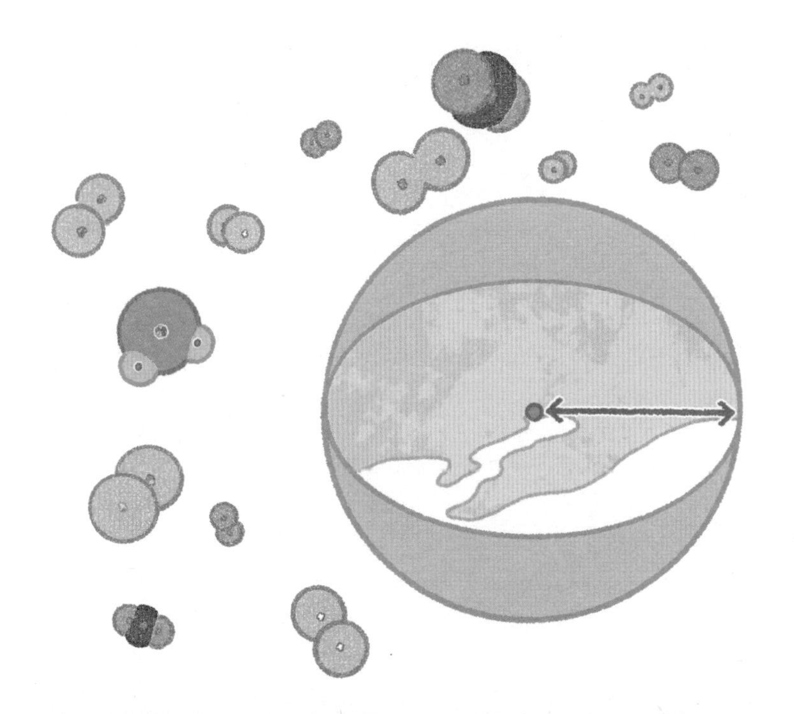

3. 空間の「無」の発見

4.「無」の空間には何かが満ちている

5. 時空の「無」が宇宙を生んだ

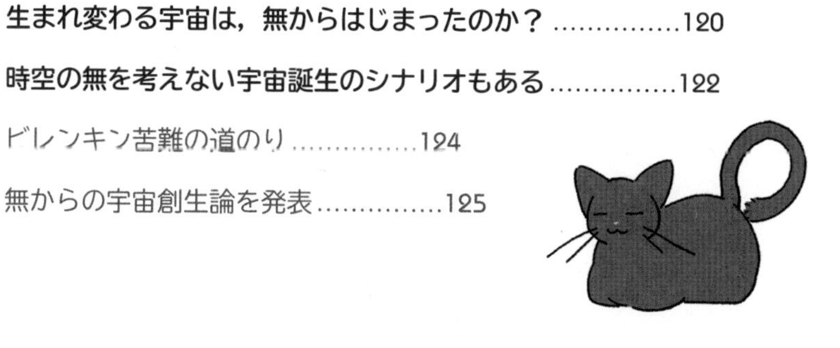

イントロダクション

ひと口に「無」といっても，さまざまな無があります。本書では，数字としての「無」，空間としての「無」，時空の「無」の，三つを紹介します。イントロダクションでは，この三つの無について，簡単に紹介します。

1 古代から研究されてきた「無」

私たちは「有」の世界に生きている

私たちの身のまわりをながめてみると，実にさまざまな物にあふれています。あなたが吸いこむ部屋の空気，私たちの住む地球，そして私たち自身の体も―。この世のすべては，物で満たされているようにみえるのではないでしょうか。**私たちは「有」の世界に生きているといえます。**では逆に，そうしたものを取りのぞいた「無」の世界を想像してみましょう。

「無」を探求していくと，「有」の世界が見えてくる

物がないという意味での「無」は，「真空」とよばれます。真空の存在は，提唱されてから2000年もの間，人々に受け入れられなかった歴史があります。また，空気も何もないからっぽな空間というと，宇宙空間をイメージする人も多いでしょう。そこには，真空の世界が広がっています。しかし，そんな真空も，完全な「無」とはいえないといいます。**「無」を探究していくと，不思議なことに「有」の世界が見えてくるのです。**そんな，古代から多くの科学者を魅了してきた「無」の世界を，旅していきましょう。

無

物がないという意味での「無」は,「真空」とよばれます。一方，宇宙は，時間も空間すらも存在しない「無」から誕生したという仮説があります。

物がないという意味の「無」（真空）のイメージ

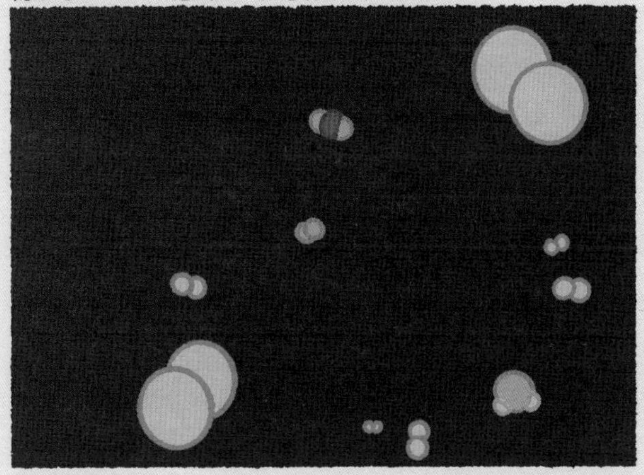

時間も空間もない「無」から宇宙が誕生するイメージ

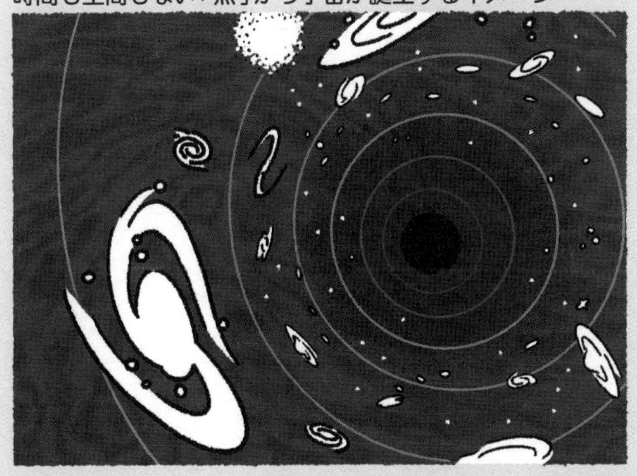

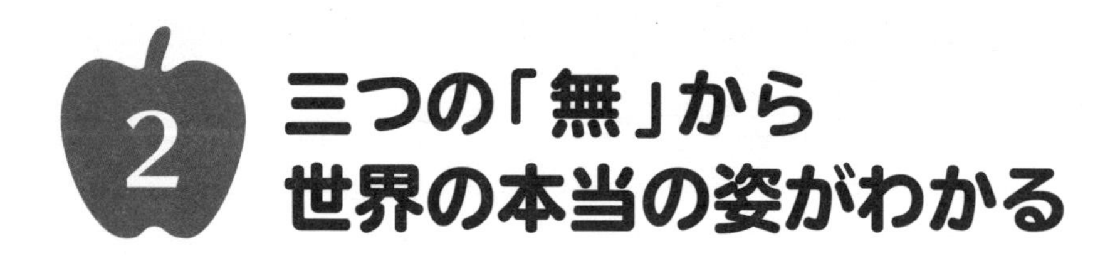

2 三つの「無」から世界の本当の姿がわかる

数字の「無」がなければ，科学の発展はなかった

本書では，三つの「無」を紹介します。

一つ目の「無」は，数字の「無」である「ゼロ」です。 かつてゼロの概念は，多くの数学者を悩ませました。この特殊な数が発見されなければ，今日までの科学の発展はなかったでしょう。

二つ目の「無」は，空間の「無」である「真空」です。 現代の物理学によると，無の空間では，まるで沸騰するお湯の中に出てくる泡のように，さまざまな粒子がわきたってくるのだといいます。あらゆる物質を確かにいったんは取りのぞいたはずなのに……です。

現代の物理学にとって，重要な要素

三つ目の「無」は，時空の「無」です。 時空とは，時間と空間をあわせて指す言葉です。アメリカの理論物理学者の提唱した説によると，私たちの宇宙は，時間も空間もない「無」から誕生したのだといいます。

このように「無」は，現代の物理学にとって，重要な要素となっています。「無」を知れば，世界の本当の姿が見えてくるのです。

三つの「無」

本書で紹介する「無」は，数字の「無」，空間の「無」，
そして時空の「無」の三つです。

数字の「無」
数字の「無」である「ゼロ」は，
特殊な経歴をもつ数です。

1234
56789 0

空間の「無」
空間の「無」である「真空」では，無数の
粒子が新たに誕生しては消えています。

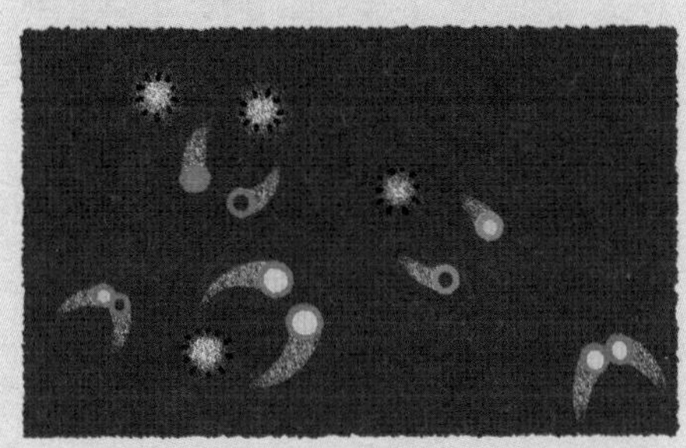

時空の「無」
宇宙を誕生させたのは，時間も空間もない
「無」だといわれています。

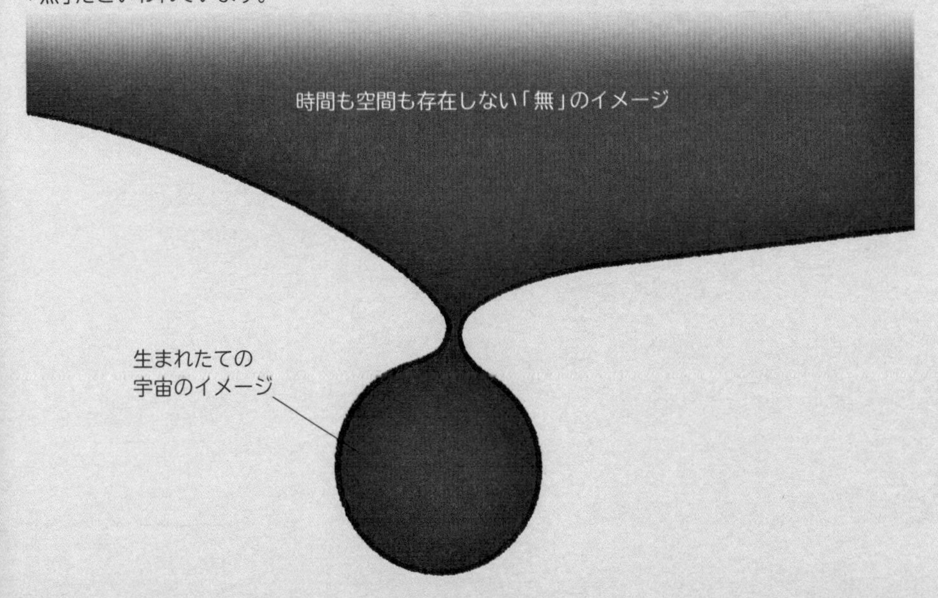

漢字の「無」の由来

漢字の成り立ちを調べると，古来の人々の生活や物の形が見えてきます。では，漢字の「無」には，どんな由来があるのでしょうか？

漢字の「無」は，もともと「ない」という意味ではなく「まう」という意味の漢字でした。無の形は，袖に飾りをつけて雨乞いの舞を踊る姿をあらわしています。漢字の起源は，物を形にあらわした象形文字です。ですから，「ない」という見えないものを文字にすることはむずかしいことでした。そういうときは，別な漢字を借りて意味をあらわします。そのため，「ない」という意味をあらわす漢字には，「無」が用いられるようになりました。

一方，「まう」という意味で使う漢字は，「無」が「ない」の意味で使われるようになったため，新たにつくらなくてはなりませんでした。そこで，踊るときの足の形である舛（せん）をつけて，「舞」という漢字が生まれたのです。

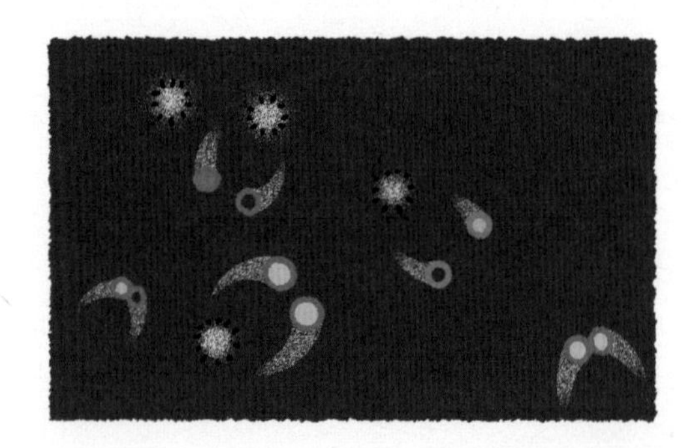

1. 数字の「無」の誕生

数字の「無」は，「ゼロ」です。0という数字が発明され，使われるようになるまでには，長い歴史がありました。第1章ではどうやって0の考え方が生まれ，広まっていったのかをみてみましょう。

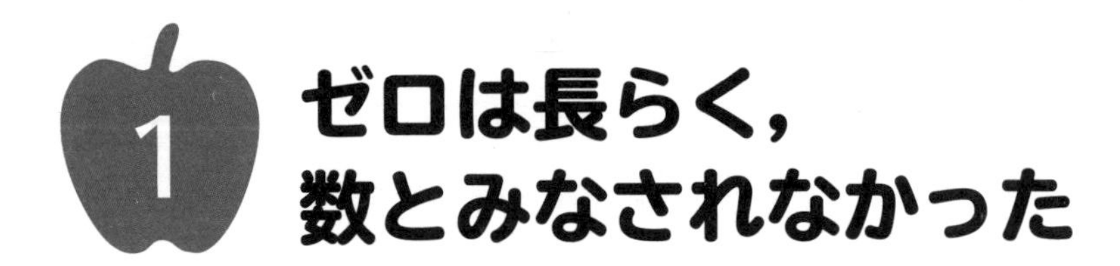

1 ゼロは長らく，数とみなされなかった

ゼロは，不思議な存在だった

ゼロは，数でしょうか？ 昔の人々，とくにヨーロッパの人々はこのことについてかなり悩んだようです。

数というのはそもそも，物の「個数」を数えるために生まれたものだと考えられます。しかし，「0個のりんご」とはいいません。そう考えると，1から9までのほかの数とくらべて，ゼロは確かに不思議な存在に思えてきます。

数と個数を同一視してしまった

実際，ゼロは長い間，「数」とはみなされませんでした。ここでいう「数」とは，「個数」という考え方にしばられない概念で，足し算や掛算といった演算の対象になるものを指します。**「個数」にしばられると，「0個なんて意味がないから0は数ではない」という考え方におちいってしまいます。**

たとえば英語の「number」は，数と個数の両方の意味があります。人間はどうしても言葉で考えてしまうので，ヨーロッパでは数と個数を同一視してしまったようです。これがゼロを数とみなさなかった一つの原因でしょう。

人々を悩ませた「ゼロ」

現代ではごく普通にあつかわれている「0」も，昔の人々にとっては不思議な存在でした。数を個数ととらえると，「0個は意味がないから0は数ではない」という考えにおちいってしまうからです。

私たちには「0」は普通にわかるけど，昔の人はそうじゃなかったのね。

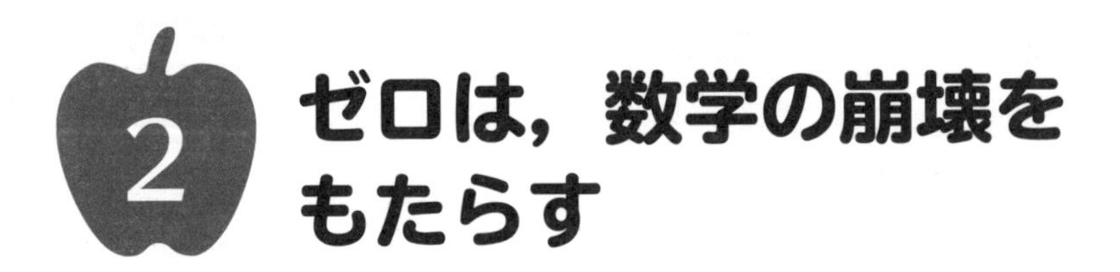

ゼロは，数学の崩壊をもたらす

「0から4を引いても0だ」と考えた

現在，私たちはさまざまな場面でゼロを用いています。つり合いのゼロ，座標原点としてのゼロ，そして基準値としてのゼロ，空位のゼロ，数としてのゼロなどです。

かつてゼロという概念は，ヨーロッパの人々を悩ませました。フランスの数学者のブレーズ・パスカル（1623～1662）でさえ，「0から4を引いても0だ」と考えたといいます。**0は何もない「無」だから，何も引けないというわけです。**

0の割り算は，やってはいけない禁止事項

0の割り算は，もっとあつかいづらいものです。たとえば，「1÷0＝」の答えをaとします。「1÷0＝a」の両辺に0をかけると,「1＝a×0＝0」となり，「1が0と等しい」という結果になります。1をほかの数におきかえても結果は同じなので，「すべての数は0に等しい」ということになります。これは，明らかに矛盾しています。このように0は，数学の合理性を崩壊させる力を秘めています。**このため現代数学では，0の割り算はやってはいけない禁止事項とされています。**

さまざまな意味をもつゼロ

イラストは，ゼロのさまざまな意味をイメージ化したものです。つり合いによるゼロ，座標軸の原点としてのゼロ，基準としてのゼロ，位に数がないことをあらわすゼロ（空位のゼロ），そして数としてのゼロです。

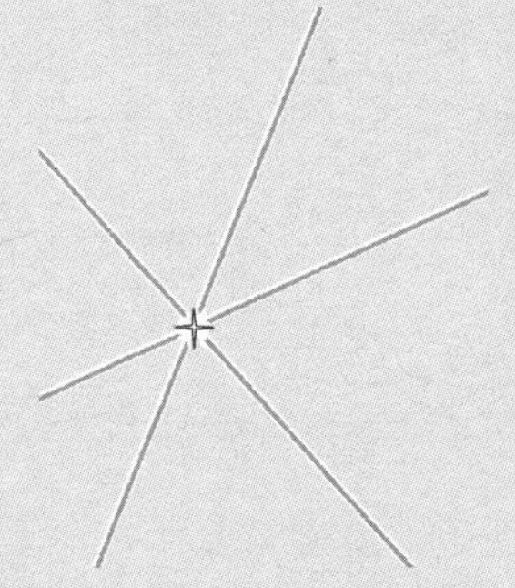

座標原点としてのゼロ
空間の各点をあらわすのには，おもに3本の直交した座標軸が使われます。座標のすべての値がゼロなのが原点です。

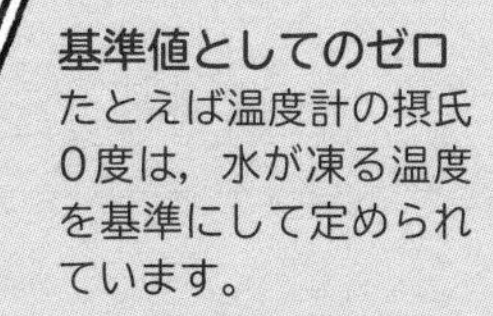

基準値としてのゼロ
たとえば温度計の摂氏0度は，水が凍る温度を基準にして定められています。

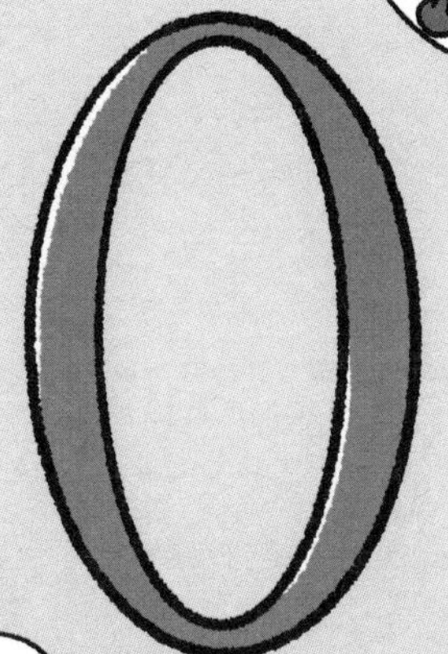

空位のゼロ
ソロバンでは，百の位や千の位など，位に数がないとき，玉を動かさないことでゼロをあらわします。

数としてのゼロ
足し算や掛け算の対象になるゼロです。

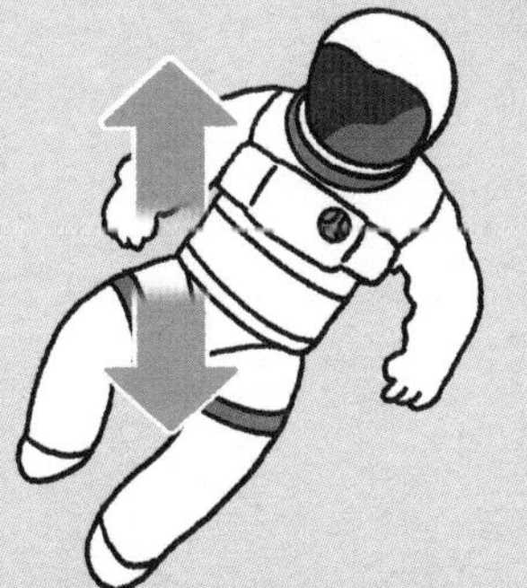

つり合いのゼロ
地球軌道上で宇宙遊泳する宇宙飛行士は，地球からの重力と，軌道上をまわっている遠心の「つり合いがゼロ」の状態です。

博士！
教えて!!

1÷0の答えは？

博士！　1÷0の答えは0なんじゃないですか？

どうかのう。まず,「a÷b＝c」とおいてみよう。それで,「a＝c×b」と変形できるのはわかるかの？

「a÷b＝c」と「a＝c×b」は，同じことなんですか。

そうじゃ。その式にbが0だというのを当てはめてみると「a＝c×0」となる。aが1のときは，「1＝c×0」という結果になってしまうんじゃ。

「1＝c×0」？

そうじゃ。「1＝c×0」のcに入る数はないじゃろ？だから現代数学では，0の割り算はやってはいけない禁止事項とされているんじゃ。

へえ。1÷0は，禁止なんですね。気をつけよ。

$$a \div b = c$$

⇕

$$a = c \times b$$

bが0，aが1だと

$$1 = c \times 0$$

「1＝c×0」のcに入る数はないんだにゃー。
0で割ってはいけないんだにゃ！

無洗米の「無」

「無洗米」は，とぎ洗いをせずに炊くことができる，便利なお米です。つまり無洗米の「無」は，洗う必要がないという意味です。ではなぜ，無洗米はとぎ洗いをせずに炊くことができるのでしょうか。

とぎ洗いをしてから炊く一般的なお米は，「精白米」といいます。精白米は，イネの実から籾殻（もみがら）と糠（ぬか），胚芽（はいが）を取り除いたお米です。**精白米をとぎ洗いする理由は，粘着性のある「肌糠（はだぬか）」とよばれる糠が，お米の表面にまだ残っているためです。無洗米をとぎ洗いしなくてもいいのは，この肌糠を，事前に取り除いてあるからなのです。**

無洗米のつくり方には，いくつかの方法があります。**精白米を水で洗う方法のほか，精白米をステンレス製の筒の中でかきまぜる方法や，精白米をブラシや研磨剤でみがく方法などです。**無洗米は，つくり方によって特徴がことなるようなので，食べくらべてみるのも楽しいかもしれませんね。

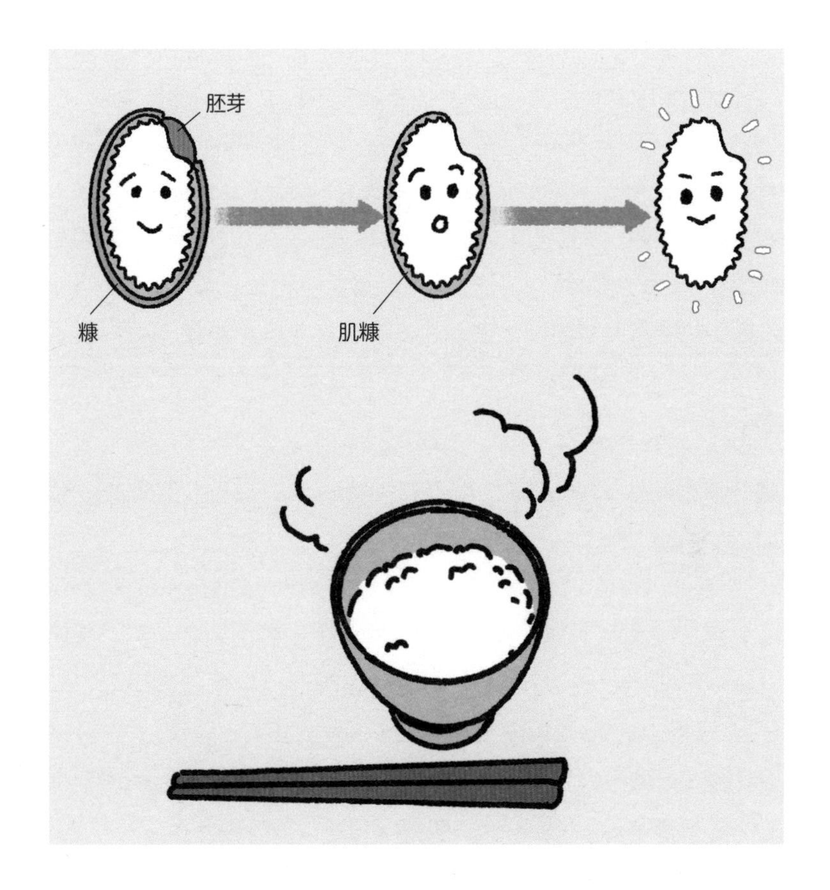
胚芽
糠
肌糠

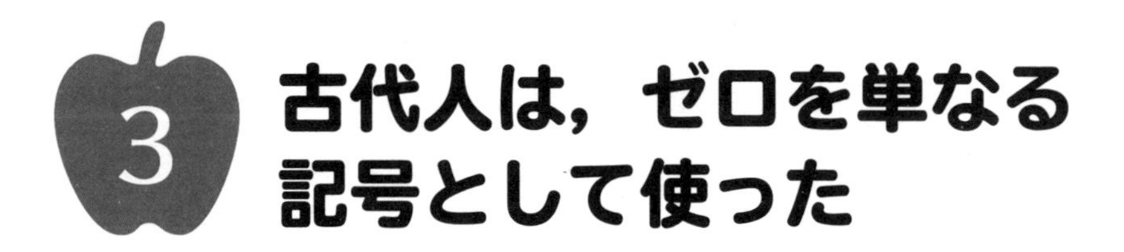

3 古代人は，ゼロを単なる記号として使った

位に何もないことをあらわす「0」

ゼロの記号を使う最大の利点の一つは，少ない記号で簡単に大きな数をあらわすことができる点です。たとえば漢字で数をあらわす場合，一～九に加えて，十，百，千，さらには万，億，兆，京…といったぐあいに，桁ごとに新しい漢字を用います。**しかし0を使えば，10,000，100,000,000，…と新たな記号を考えださなくても，大きな数をあらわすことが可能です。このような数の表現方法は，「位取り記数法」とよばれます。**位に何もないことをあらわす「0」が，重要な役割を果たしているのです。

かつてゼロは，計算に使われることがなかった

ゼロを使った位取り記数法は，マヤ文明（紀元6世紀ごろ?）やメソポタミア文明（紀元前3世紀以降）でも使用されていました。またマヤには，絵文字で数字をあらわす方法もありました。

しかし古代文明では，計算にはソロバンなどの算盤や算木（木片を並べて計算する道具）が使われ，数字はおもに記録用としてだけ用いられたようです。そのためゼロは計算に使われることがなく，“一人前の数”に成長できなかったのでしょう。

古代文明の数字

エジプトの数字にはゼロがなく，10は「足かせ」の記号，100は「なわ（巻き尺）」の記号であらわしていました。ギリシアの数字にはゼロがあったものの，10，20，30，…，100，200，…，などを，すべて別の記号であらわしていました。

現代の数字（アラビア数字）	エジプトの数字	ギリシアの数字	メソポタミアの数字（60進法）	マヤの数字（20進法）
0	なし	※	など	
1		α		
2		β		
3		γ		
4		δ		
5		ε		
6		ϛ		
7		ζ		
8		η		
9		θ		
10		ι		
20		κ		
100		ρ		

※：紀元前後に書かれた天文パピルスの60進法位取り表記で使用。

マヤの絵文字のゼロ
「下あごに手をそえた横顔」が，マヤの絵文字のゼロです。

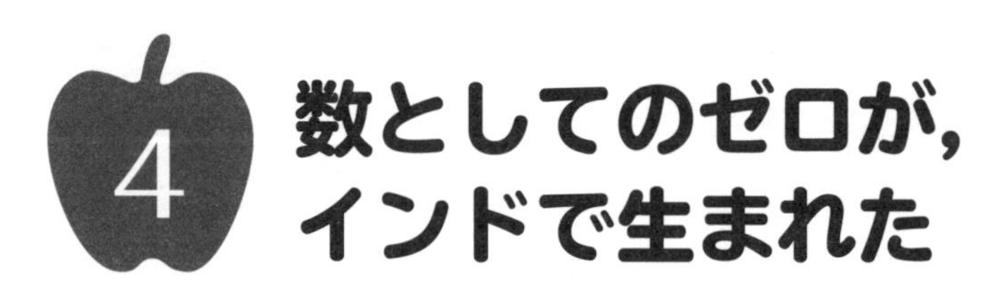

4 数としてのゼロが，インドで生まれた

ゼロを数とみなす必要が出てきた

ゼロが一人前の「数」とみなされたのは，インドが最初であるという説が有力です。**ゼロを一人前の数とみなすとは，足す，引く，掛ける，割るなどの，演算の対象としてゼロをみるということです。**

なぜ，インドで数としてのゼロが誕生できたのでしょう。インドでは，位取り記号としてのゼロが用いられたという下地に加え，筆算が

インドの数字が伝わっていった

インドでは，位に1～9の数字がないことをあらわす記号としてのゼロに，黒丸の点「・」が使われていました。インドで生まれた0を含む記数法は，アラビアのイスラム文化圏をへて，ヨーロッパに普及しました。

よく行われたという背景があります。たとえば，筆算で「25＋10」をしようとすると，どうしても一の位で「5＋0」を行わなければなりません。そこで，ゼロを数とみなす必要が出てきたのではないかと考えられています。

イスラム文化圏を経てヨーロッパに伝わった

私たちが現在，算用数字として使っている「0～9」の数字を使った記数法は，インドを起源としています。算用数字は，「アラビア数字」ともよばれます。これは，インドで生まれた0を含む記数法が，アラビアのイスラム文化圏をへて，さらにスペインやイタリアを経由してヨーロッパ全域に普及したからです。

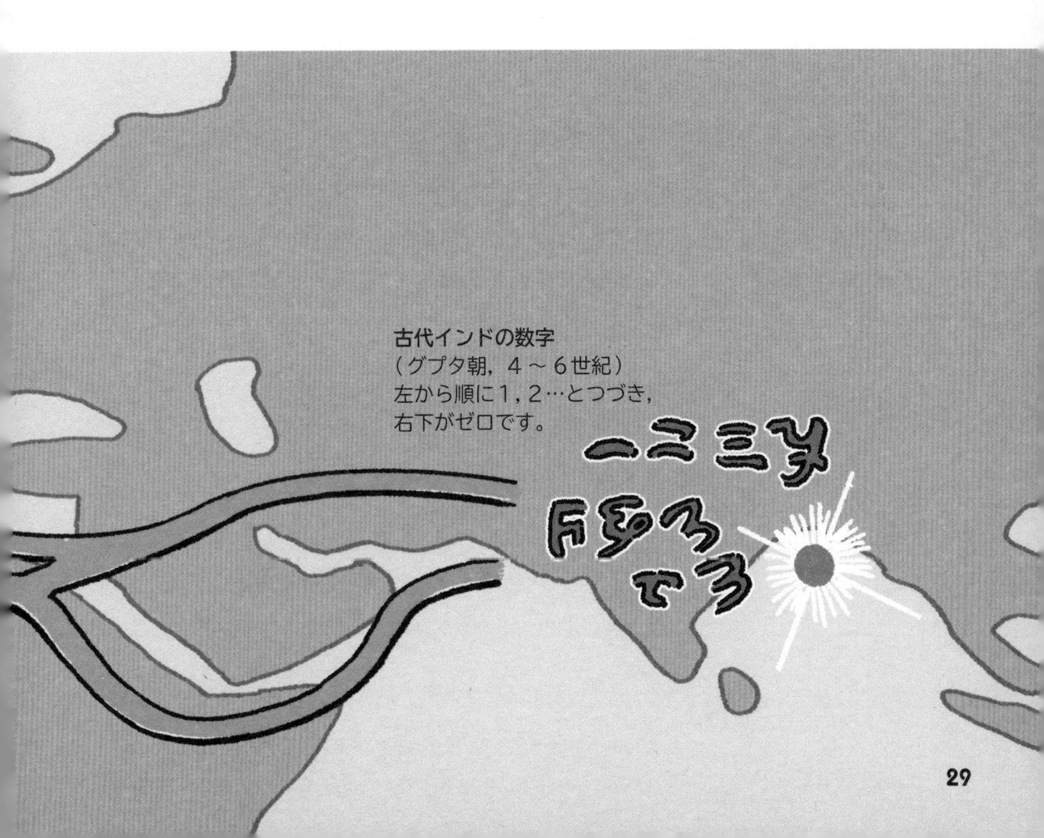
古代インドの数字
（グプタ朝，4～6世紀）
左から順に1，2…とつづき，
右下がゼロです。

ローマ数字は3999まで

時計の文字盤などで見かける「ローマ数字」。**実はローマ数字には，ゼロがありません。** 1を「Ⅰ」であらわすことからはじまり，2は「Ⅰ」が二つで「Ⅱ」，3は「Ⅰ」が三つで「Ⅲ」とつづきます。ローマ数字では，同じ数字は連続三つまでしか並ばない決まりなので，4は，5（Ⅴ）から1（Ⅰ）を引くという意味で「Ⅳ」となります。大きな数は，右の表のように，100を「C」，500を「D」，1000を「M」とあらわします。たとえば，3002は「MMMⅡ」となります。

一見，不都合はなさそうです。**しかしローマ数字には，1000までしか記号がなく，5000以上の数をあらわす記号がありません。** このため，ローマ数字であらわすことができる数の大きさには，限界があるのです。

ローマ数字では，1000をあらわす「M」は，連続して三つまでしか使えません。**したがってローマ数字であらわせる最大の数は，「MMMCMXCⅨ」の3999です。**

1	2	3	4	5	6	7	8	9	10
I	II	III	IV	V	VI	VII	VIII	IX	X

1	5	10	50	100	500	1000
I	V	X	L	C	D	M

3002

||

MMMII

テニスの0点は，なぜラブ？

テニスや卓球の試合では，スコアを読みあげるときに，0点を「ラブ」といいます。なぜ，0点のことを「ゼロ」ではなく，「ラブ」というのでしょうか。

これには，諸説あるようです。**最も有力なのは，フランス語の卵説です。**0の形が卵に似ているため，フランス語で卵を意味する「Oeuf」の発音「ロゥフ」が，英語で「ラブ」になったというものです。

一方，英語の「for love」説もあります。好きで，無料でを意味する「for love」から，「love」が何もないことを意味する「nothing」と連想され，0点が「love」につながったというものです。そして「love」にからんだ説が，もう一つあります。**愛情を意味する英語の「love」説です。**0点の相手に対して「ゼロ」というのではなく，愛情をもってよびかけるために「love」が使われるようになったというものです。皆さんは，どの説だと思いますか？

love
l'oeuf

2. 自然界に登場する「無」の数

私たちが普段「ある」と思っている数値がゼロになる世界は，とても不思議です。第2章では，温度のゼロや，抵抗のゼロ，質量のゼロなど，自然界のさまざまな数値がゼロになるとき，どんなことがおきるのかをみてみましょう。

温度には，絶対０度という下限がある！

絶対的な意味をもった温度

この章では，自然界にあらわれるさまざまなゼロにせまっていきます。まず温度のゼロについてみてみましょう。私たちが日使う温度は，「摂氏温度」(単位℃)といいます。摂氏０度は，人間になじみ深い「水」という物質が凍る温度という意味しかありません。一方，物理学で使われる温度に「絶対温度」(単位K)というものがあります。**この絶対温度の０度（絶対０度）は，摂氏マイナス273.15度に相当し，温度の下限です。つまり，それよりも低い温度は存在しません。**絶対０度は，文字通り，絶対的な意味をもった温度なのです。

原子の動きがほぼとまったときが，絶対０度

温度とは，ミクロの世界では，原子（または分子）の運動のはげしさのことです。つまり，低温になるほど原子の運動はおとなしくなります。**そして絶対０度になると，原子の運動はほぼとまってしまいます。**ただし，原子の運動は完全にとまることはなく，「ゼロ点振動」とよばれる振動をしていると考えられています。

温度と気体の体積

気体の体積は，圧力を一定に保ちながら温度を下げていくと，減少していきます。原理的には，摂氏マイナス273.15度で気体の体積はほぼ「ゼロ」になり，原子の運動もほぼ止まります。これが絶対0度です。

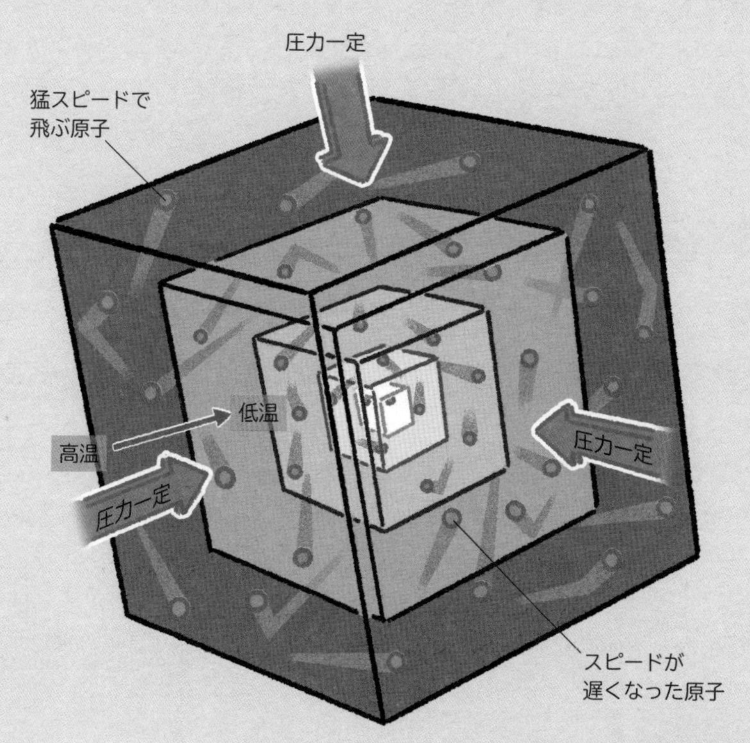

ただし現実の気体では，原子どうしに引力がはたらくので，絶対0度になる前に液体か固体になるんだ。

2 リニアモーターカーは，電気抵抗ゼロの超電導で走る

絶対温度4.2度で，水銀の電気抵抗がゼロになる

絶対0度近くの極低温では，非常に不思議なことがおきます。オランダの物理学者のカマリン・オンネス（1853～1926）は1908年，もっとも液化しにくい元素であるヘリウム（He）の液化（絶対温度4.2度）に成功しました。さらに液体ヘリウムを使って水銀（Hg）を冷やし，電気抵抗を調べました。**すると絶対温度4.2度付近で，水銀の電気抵抗が突然ゼロになったのです。**

電圧をかけなくても，電流が永久に流れつづける

電気抵抗がゼロとは，電圧をかけなくても電流が永久に流れつづけるという，非常に奇妙な状態です。これは「超電導（超伝導）現象」とよばれ，さまざまな応用が考えられています。たとえば超電導物質を導線にしてコイルをつくれば，非常に強力な電磁石ができます。超電導磁石は，人体の輪切り画像が撮影できる「MRI（核磁気共鳴撮影）装置」や，リニアモーターカーの浮上用磁石として実用化されています。

超電導現象

超電導体の上に小さな永久磁石を置くと，超電導体は永久磁石からの磁力線を排除しようと，反対向きの磁力線をつくる方向に環状の電流を流します。超電導体は電気抵抗がゼロなので，電流は流れつづけます。このため，永久磁石が宙に浮きます。

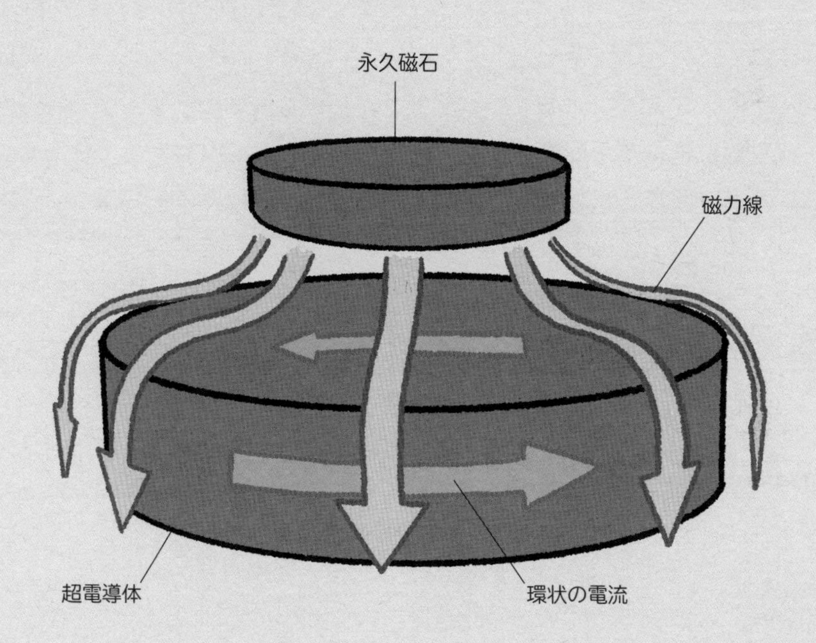

リニアモーターカーが浮上するしくみは，「超電導磁石」にゃ。上のイラストとは，別のものにゃ。

液体の粘り気がゼロになる！ふしぎな超流動現象

力を加えなくても，スルリと通り抜ける

今度は，「抵抗ゼロ」がつくる，ふしぎな現象をみてみましょう。どんな液体でも，多少の粘り気（粘性）があります。水も例外ではありません。先端が細くなった注射器を押すのに，ある程度の力が必要なのは，粘性による抵抗のせいです。**しかし液体ヘリウムを絶対温度2.2度以下まで冷やすと，どんな細い管でも，何の力を加えなくてもスルリと通り抜けるようになります。これは，「超流動現象」とよばれています。**超流動ヘリウムは粘性がなく，抵抗がゼロなのです。また，超流動ヘリウムは，フィルターのように障害物でみたされたものでも，なんなくすり抜けてしまいます。

多数の原子が，手をつないでいる

通常の液体の場合，個々の原子は自由に動けるので，原子は壁にぶつかってしまいます。これが抵抗です。しかし超流動ヘリウムの場合，原子たちは単独行動がとれません。**多数の原子がいわば手をつないでいるような状態ですから，障害物があっても流れは乱れず，抵抗がゼロになるのです。**

超流動ヘリウム

注射器の針のような細い管に水を通すには，ある程度の力（圧力）が必要です。これは水の粘性によって，管の内壁から抵抗を受けることが原因です。しかし超流動ヘリウムの場合，圧力なしでも非常に細い管をなんなく通り抜けます。これは，超流動ヘリウムが，管の内壁から抵抗を受けないからです。

細い管をなんなく通る超流動ヘリウム

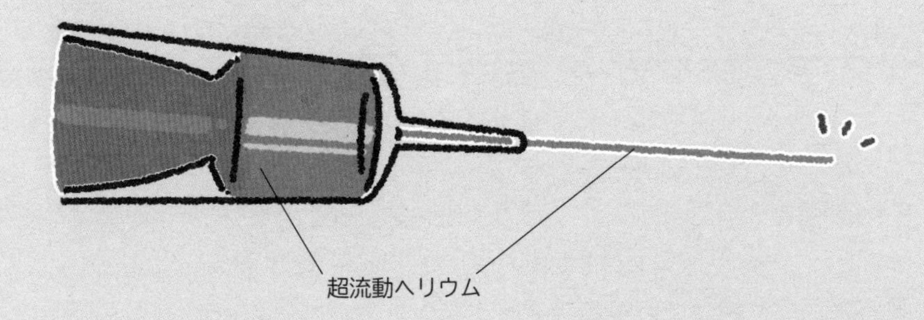

注射器の中身を押しだすときって，ちょっと力が必要だけど，超流動ヘリウムだと，まったく力をかけなくても中身が出てくるんですって！

質量ゼロの光の粒子は，重力の影響を受ける

光は，「波」と「粒子」の性質をあわせもつ

今度は，「質量ゼロ」の粒子についてみていきましょう。光は，「波」の性質をもつとともに，一つ二つと数えられる「粒子」の性質もあわせもちます。**この光の粒子は「光子」とよばれ，質量はゼロです。**質量ゼロの光子は，重力の影響を受けるでしょうか。

光子は，時空のゆがみに引きずられる

光子が重力から受ける影響について正確な予言をしたのが，ドイツの物理学者のアルバート・アインシュタイン（1879〜1955）です。**アインシュタインが1915年に発表した「一般相対性理論」は，光は重力によって曲がると予言していました。そしてその曲がり方は，従来の理論で計算した軌跡よりも2倍大きいというものでした。**

一般相対性理論によると，重力とは，質量をもつもののまわりの時空（時間と空間）のゆがみだと考えられています。光子がゆがんだ空間を通過すると，空間のゆがみに引きずられる効果がつけ加えられ，2倍大きく曲がると考えられたのです。そして1919年の日食の際に，太陽の背後にある星の光の曲がり方が観測され，アインシュタインの予言が正しいことが確認されました。

予言通りに曲がった光

1919年，太陽の背後にある星からやってくる光が，太陽のごく近くを通るようすが，日食を利用して観測されました。日食によって太陽自身からの光がさえぎられ，背後の星からの光が観測できたのです。そしてその光の軌跡は，アインシュタインの予言通りの大きさで曲がっていました。

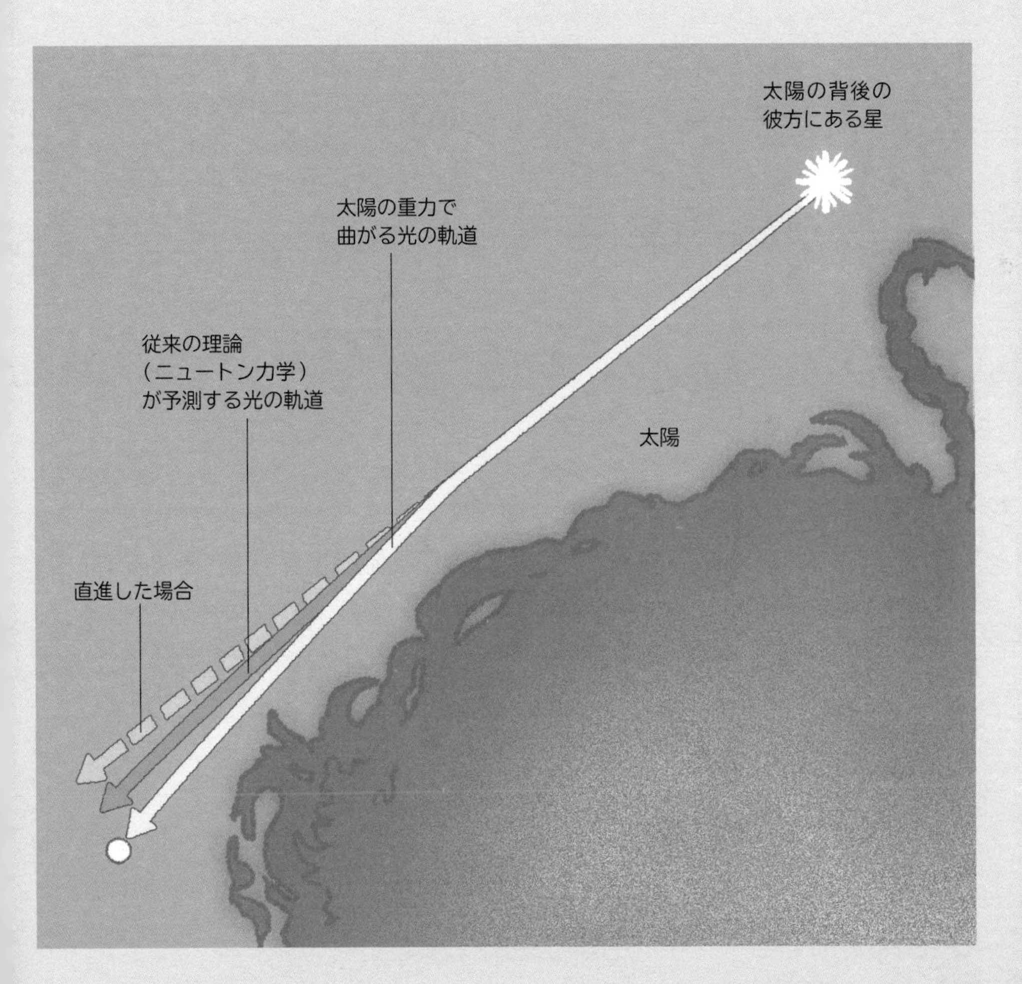

糖類ゼロってどういうこと？

商品ラベルに，「糖類ゼロ」と書かれた食品をよく見かけます。糖類ゼロというのは，甘くない，カロリーがない，ということなのでしょうか。それから，「糖類」と「糖質」は同じものでしょうか。

糖類は，右ページの表にあるように，「炭水化物」という大きな枠の中の，さらに「糖質」の中の一部です。糖類とよばれているものは，果物や砂糖に多く含まれる単糖類や二糖類などをさします。

糖類ゼロの表示があるからといって，糖類がまったく含まれないわけではありません。表記のしかたには基準があり，100グラムあたり0.5グラム未満の場合，「糖類ゼロ」「ノンシュガー」「無糖」と表示できます。**また，「糖類ゼロ」と書かれていても，「糖質」がゼロというわけではありません。**人工甘味料で甘味を加えている食品は，糖類はゼロであっても，糖質に分類される「糖アルコール」などが含まれているのです。

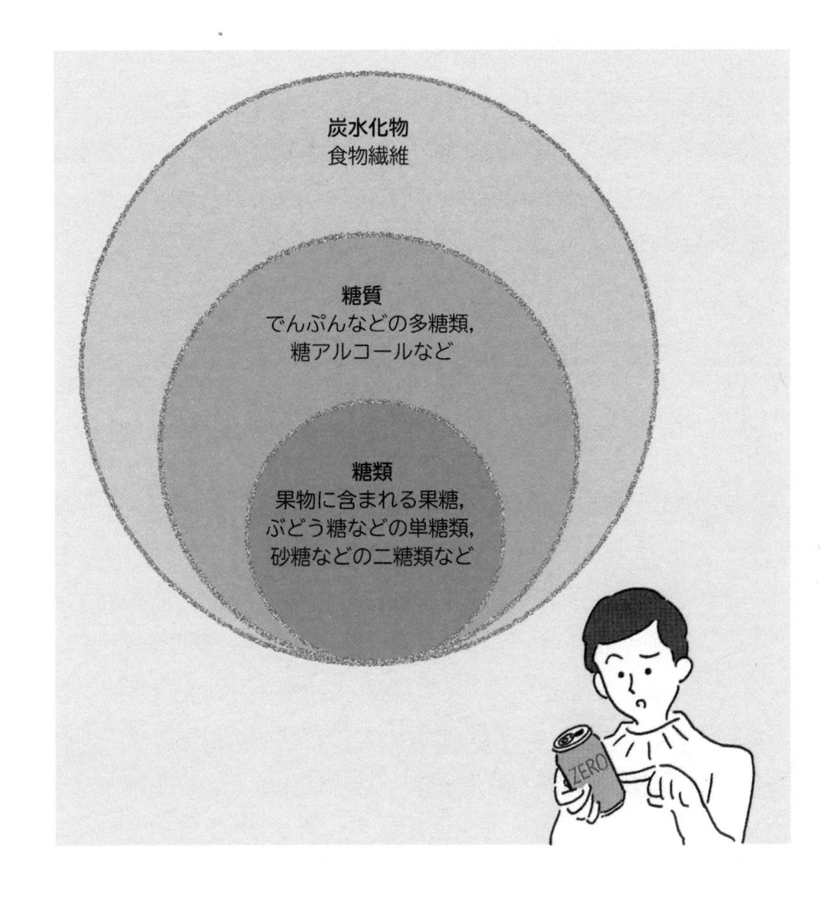
炭水化物
食物繊維
糖質
でんぷんなどの多糖類,
糖アルコールなど
糖類
果物に含まれる果糖,
ぶどう糖などの単糖類,
砂糖などの二糖類など
ZERO

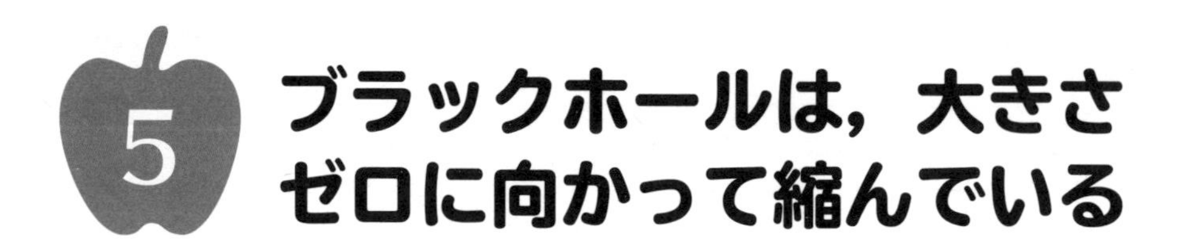

5 ブラックホールは，大きさゼロに向かって縮んでいる

ブラックホールの重力は，何でも飲みこんでしまう

大きさゼロ，密度無限大に向かって収縮する天体が，その周囲の空間につくりだすものが，ブラックホールです。ブラックホールの重力はすさまじく，近くを通ったものは何でも飲みこんでしまいます。いったん飲みこまれたものは，光でさえも脱出することができません。これも，アインシュタインの一般相対性理論から予言されたことです。

宇宙には，無数のブラックホールが存在している

1970年ごろ，アメリカのX線天文観測衛星「ウフル」は，実在の天体「はくちょう座X-1」がブラックホールであるらしいことを示しました。**ブラックホール自体は光を出さないので，直接観測はできません。**しかし周囲の天体の運動や，ガスが放出するX線の観測から，そこにある天体がブラックホールであるらしいことがわかってきたのです。**そして2019年に，国際協力プロジェクトチームによって，「ブラックホールの影」が撮影されました。**ブラックホールの周囲にあるガスがブラックホールに飲みこまれる際，とてつもない高温になります。そのガスの輝きで，ブラックホールの暗いシルエットが浮かびあがります。この姿の撮影に，成功したのです。

間接的に見えるブラックホール

イラストは，ブラックホールの近くに恒星が存在して，その表面のガスを吸い込んでいるようすです。ガスはブラックホールのまわりで円盤を形成し，ジェットを噴出すると考えられています。

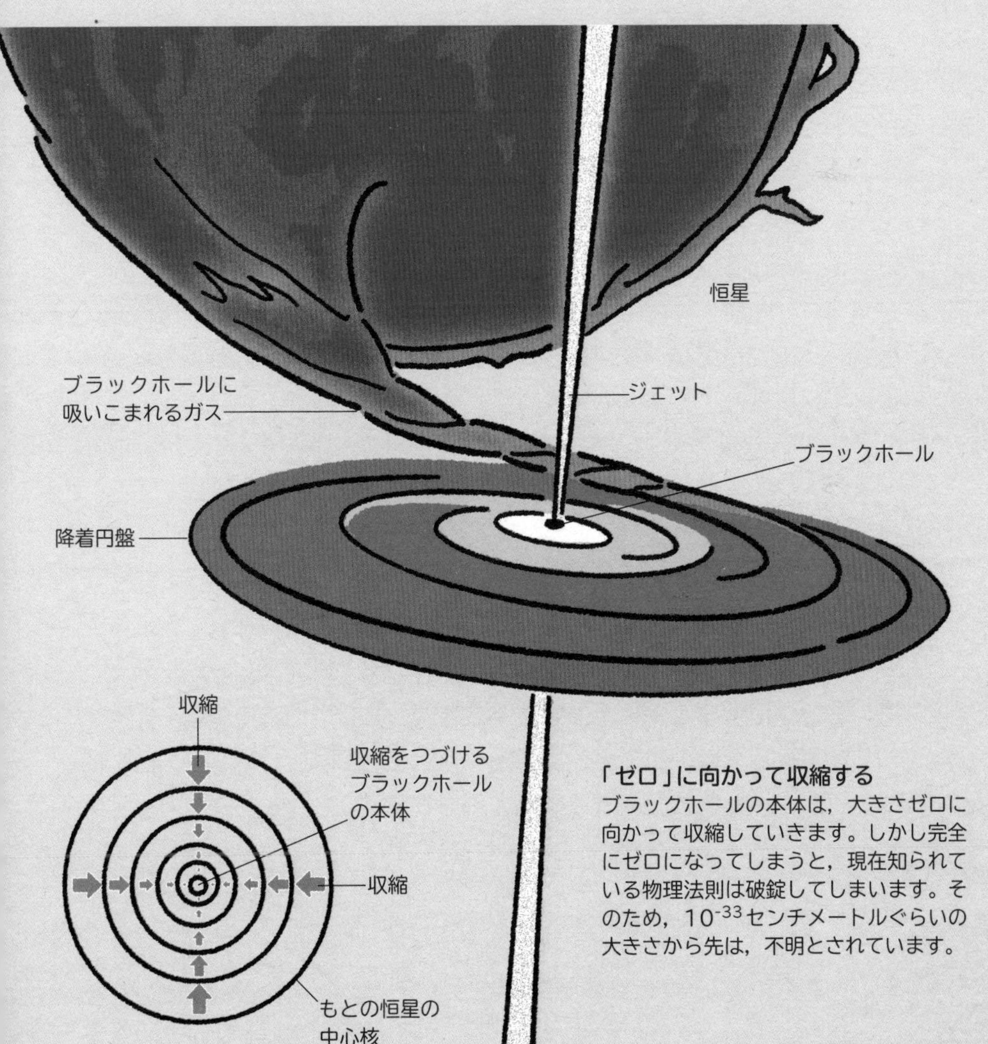

「ゼロ」に向かって収縮する

ブラックホールの本体は，大きさゼロに向かって収縮していきます。しかし完全にゼロになってしまうと，現在知られている物理法則は破綻してしまいます。そのため，10^{-33} センチメートルぐらいの大きさから先は，不明とされています。

6 ブラックホールの近くでは，速度がゼロに見える

探査機は，速度を落としていくように見える。

ブラックホールの境界面では，奇妙なことがおきます。落下していくあらゆる物体の速度が，見かけ上「ゼロ」になるのです。

たとえば，銀河中心などにある超巨大ブラックホールに向けて出発した探査機を，母船から観察したとしましょう。探査機が地球や太陽に向かっていた場合，重力の影響で探査機の速度はどんどん大きくなり，その星に突っこんでしまいます。しかしブラックホールの場合，探査機はしだいに速度を落としていくように見えます。**そして，探査機がブラックホールの境界面のごく近くまで到達すると，探査機の速度はゼロになってピタッと止まって見えてしまいます。**

巨大重力源の近くの時間は，遅く進む

これは一般相対性理論が予言する，時間の遅れの効果のあらわれです。**一般相対性理論によると，巨大重力源の近くの時間は，はなれた重力の弱い場所から見ると，遅く進みます。**そしてブラックホールという超巨大重力源の場合，その境界面で時間は完全に止まってしまい，そこにいる探査機は速度ゼロに見えるのです。

速度ゼロに向かう探査機

母船から見ると，探査機は見かけ上速度が「ゼロ」に近づき，いつまでたってもブラックホールの境界面に到達できません。これは重力源の近くの時間は，はなれた重力の弱い場所から見ると，遅く進むためです。

実在する!?　ホワイトホール

「ホワイトホール」とよばれる，理論上で議論されている天体があります。**ホワイトホールとは，物質や光をなんでも吐きだしてしまうと考えられている天体です。ブラックホールとホワイトホールは，おたがいをひっくり返した関係だといわれています。**つまり，ブラックホールが何者もその内部から脱出できない天体であるのに対し，ホワイトホールは，何者もその内部にとどまることができない天体だというのです。

ブラックホールも，かつては一般相対性理論から予言され，その存在は理論上のものでした。しかしその後，観測によってブラックホールの存在がほぼ確実なものになりました。**ですから，いまは机上の存在であるホワイトホールも，もしかすると実在するかもしれません。**

一見信じがたいと思われる予言がいくつも実証されてきた科学の世界。いつの日か，物質や光を吐きだしつづける奇妙な天体が観測される日が，くるかもしれません。

ブラックホールとオッペンハイマー

1904年
ニューヨークで
生まれた
オッペンハイマー

数学や化学、
語学が得意。
最終的に6か国語が
話せたという

運動神経には
恵まれず

ただ、乗馬と
セーリングだけは
強気で乗りこなした

ハーバード大学を
3年で卒業。
ケンブリッジ大学に
留学

物理学者の
ニールス・ボーアと
出会い、理論物理学に
のめりこむ

1939年
一般相対性理論より

「ブラックホールは
現実に存在する」
と予言した。

原子爆弾の開発

オッペンハイマーは

ブラックホールの
先駆的な研究に
打ちこんでいた

そんな中
第二次世界大戦が
勃発

1942年に
原子爆弾を開発する
「マンハッタン計画」
が開始される

1943年
原子爆弾製造の
拠点となる
ロスアラモス研究所の
初代所長に任命され
原子爆弾の開発に成功

彼にとって
原子爆弾の開発は
戦争を
終結させるための
ものであった

広島と長崎に
原子爆弾投下。
人類は、いとも簡単に
核兵器を使用して
しまった――

以降
オッペンハイマーは
核の脅威と危険性を
訴えつづけ、
1967年に
62歳の生涯を閉じた

3. 空間の「無」の発見

物質が存在しない無の空間が存在するのかについては，古代ギリシア時代から論争がくりひろげられてきました。無の空間とは，真空のことです。第３章では，真空がどんな世界なのか，どんなところに真空があるのかをみていきましょう。

1 アリストテレスは，空っぽの「真空」の存在を否定した

デモクリトスは，「空虚」が必要だと考えた

今から約2400年以上も前の古代ギリシアでは，無の空間である「真空」をめぐって，はげしい論争がくり広げられていました。

紀元前5世紀ごろ，古代ギリシアの哲学者の中で最初に「無」について深く考察したのは，パルメニデス（前515ごろ～前445ごろ）だといわれています。パルメニデスは，「有らぬもの（非存在，無）」

空虚の存在

デモクリトスは，物質は「原子」からできていて，原子は空虚の中を運動すると主張しました。一方，アリストテレスは，万物は，「火」，「水」，「土」，「空気」からなるとし，空虚の存在を否定しました。

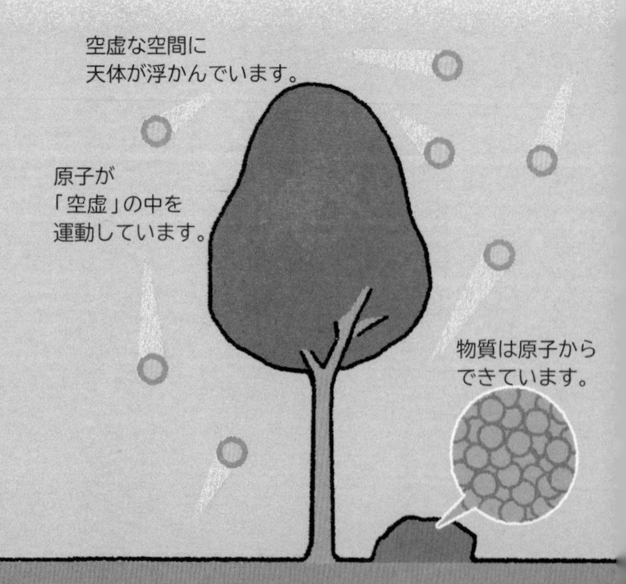

はないと主張しました。**一方，「原子論」の提唱者デモクリトス（前460ごろ〜前370ごろ）とその師匠であるレウキッポス（前470ごろ〜不詳）は，真空の存在を認め，原子が動きまわるための舞台となる「空虚（真空）」が必要だと考えました。**

アリストテレスは，「空虚」などないと考えた

これに対して，古代ギリシアの哲学者のアリストテレス（前384〜前322）は，あらゆる場所が目に見えない物質で満たされていて，空虚（真空）など存在しないと考えました。**そして「自然は真空をきらう」といって，デモクリトスらの考えを否定しました。アリストテレスのこの考え方は，その後2000年にわたって信じられました。**

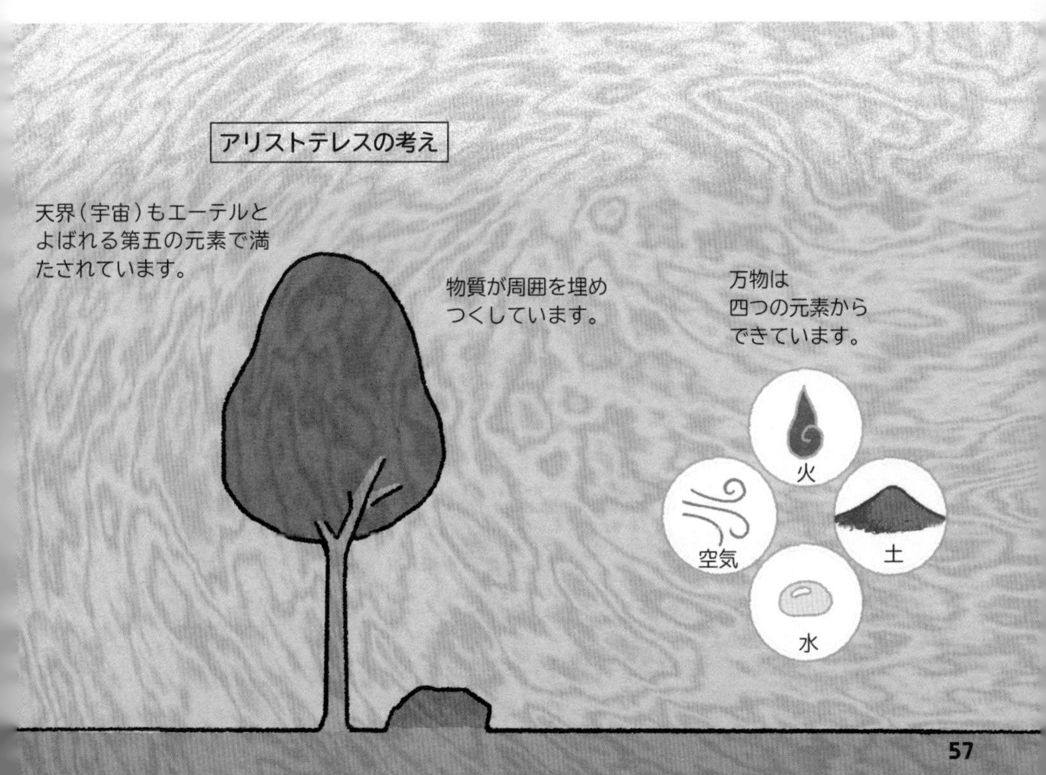

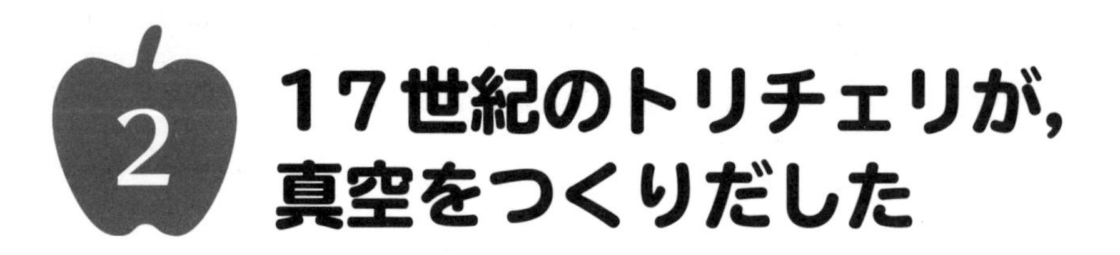

2 17世紀のトリチェリが，真空をつくりだした

管の中の空気を抜くポンプが使われていた

17世紀に入り，ついに真空の存在を実証した人物があらわれました。イタリアの物理学者のエヴァンジェリスタ・トリチェリ（1608～1647）です。当時，管の中の空気を抜くことで，井戸から水を吸い上げるポンプが使われていました。**管の中の空気を抜くと，「自然は真空をきらう」ので，真空ができないように水が吸い上げられるのだと考えられていました。**一方で，約10メートル以上の深さからは，なぜか水を吸い上げられないことも経験的に知られていました。この謎を解き明かしたのが，トリチェリです。

大気の重さで井戸の水面が押される

トリチェリは，真空ができないように水が吸い上げられるのではなく，大気の重さで井戸の水面が押されるため，管の中の水が持ち上げられるのだと考えました。そして大気が水面を押す力の大きさでは，水を約10メートルの高さにまでしか持ち上げられないのだと考えたのです。1643年，トリチェリは水の約14倍重い水銀を使って実験を行い，自分の考えが正しいことを確かめました。**そして実験によって，はじめて真空の存在も示されました。**

トリチェリの水銀柱実験

片方が閉じた長さ1メートルのガラス管を水銀で満たし，もう片方の開いた端を容器に入れた水銀につけたまま逆さまに立てると，ガラス管の上部に空洞ができます。トリチェリの実験でつくられたこの空洞こそが，人類がはじめて目に見える形でつくりだした真空だとされています。

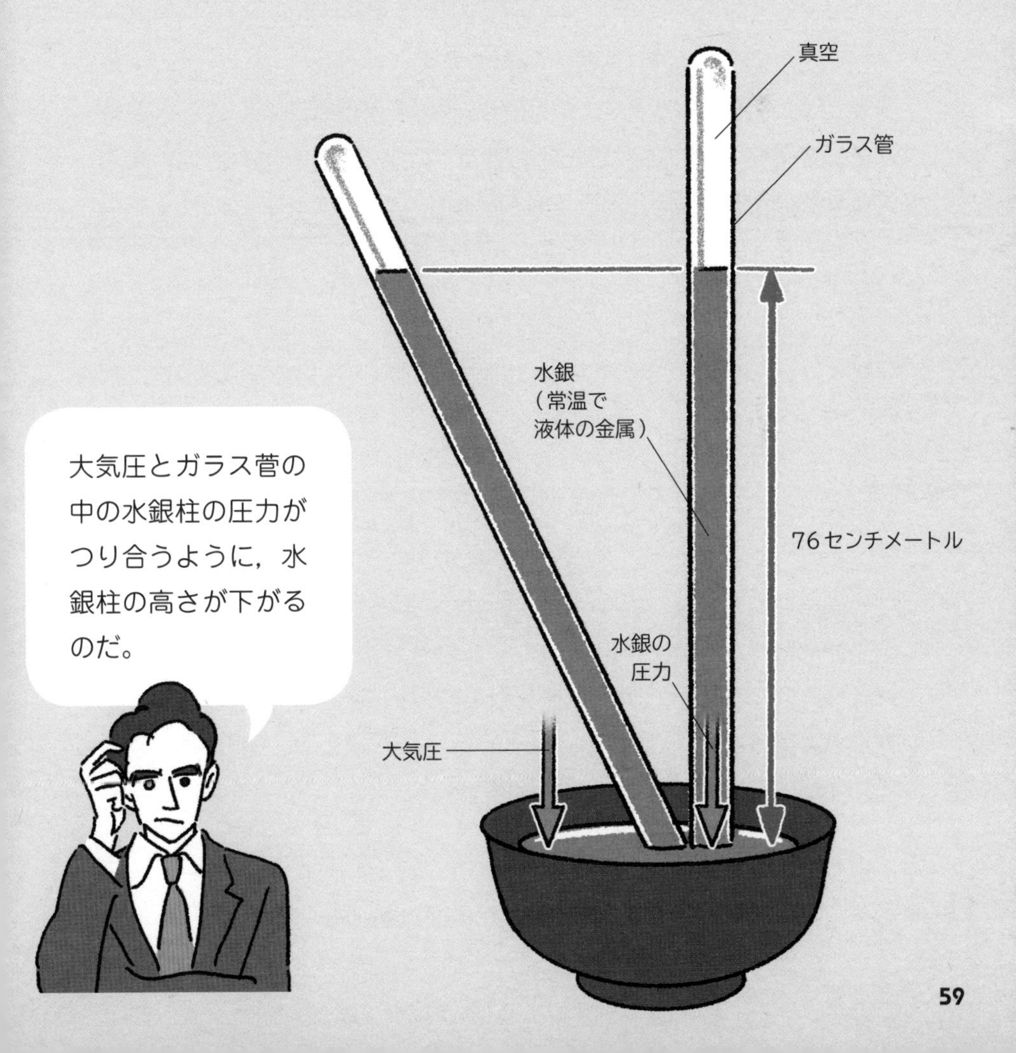

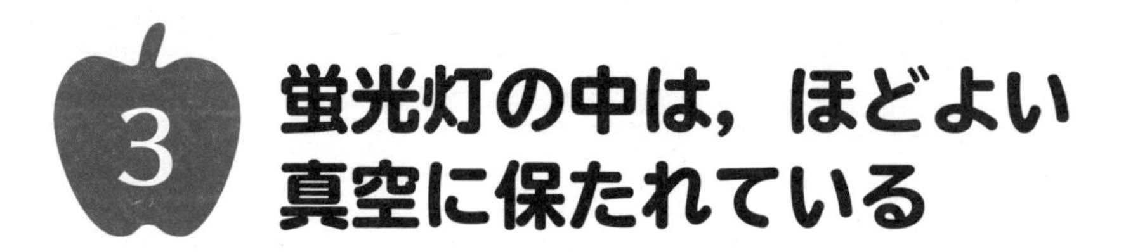

3 蛍光灯の中は，ほどよい真空に保たれている

蛍光灯は，水銀蒸気から紫外線を発生させている

身近な真空の例として，蛍光灯をみていきましょう。蛍光灯の両端には，陰極と陽極があります。その間には，何もないようにみえます。しかし蛍光灯の中には，水銀の蒸気（気体）がつまっています。水銀蒸気の気圧は，10万分の1気圧ほどです。**蛍光灯は，水銀蒸気から紫外線を発生させ，その紫外線を蛍光灯の内壁に塗られた蛍光体に当てて可視光線に変えて，輝いています。**十分な量の紫外線を発生させるには，水銀蒸気の気圧が重要となります。

蛍光灯の中は，ほどよい真空

紫外線を発生させるためには，陰極から飛びだしてきた電子を，水銀の原子にぶつける必要があります。水銀蒸気の気圧が低いと，水銀原子の数が少ないため，発生する紫外線の量も少なくなります。これでは十分には光りません。逆に，水銀が多すぎても紫外線が出ません。紫外線を発生させるには，十分に加速させた電子を水銀原子にぶつけなければならないからです。**蛍光灯の中は，ほどよい真空にする必要があるのです。**

蛍光灯のしくみ

蛍光灯の陰極に電流を流すと，電子が飛びだします。十分に加速された電子が水銀原子と衝突すると，紫外線が発生します。紫外線は蛍光灯の壁面にぬられた蛍光体にぶつかって可視光線に変わり，蛍光灯が輝きます。

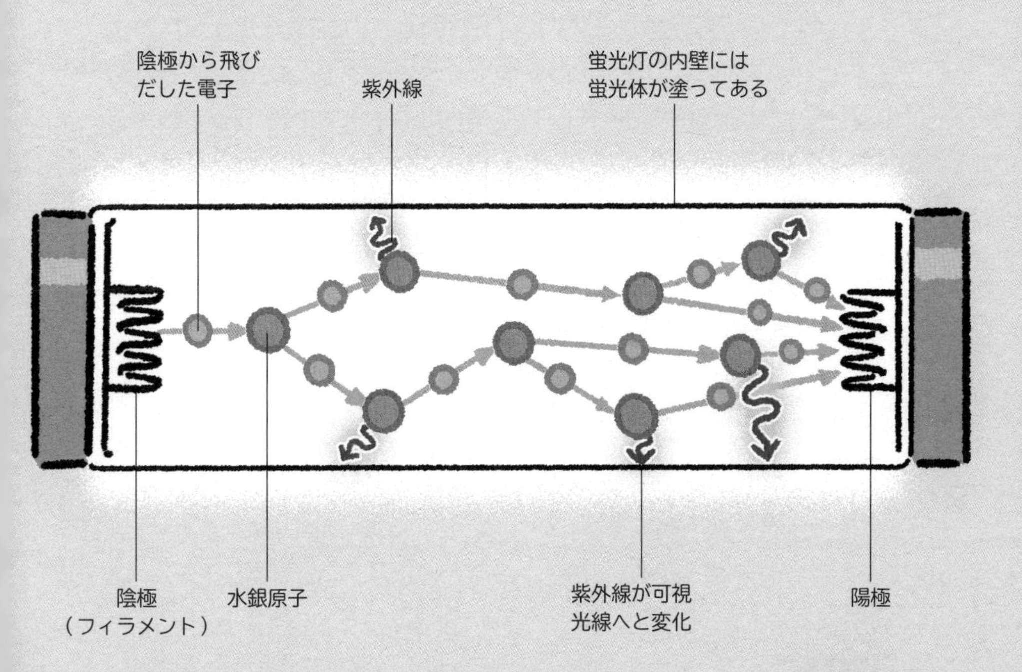

蛍光灯の中は，ほどよい真空にしないとうまく光らニャいんだって！

宇宙空間は，本当の真空ではない

宇宙空間にも，ガスやちりがただよっている

人工的につくりだすことができる真空は，1000兆分の1気圧程度までです。これは，1立方センチメートルの空間に，分子が1万個程度存在している状態です。では宇宙空間に，分子や原子がまったく存在しない場所はあるのでしょうか。**実は宇宙空間にも，非常にわずかながら，ガスやちりがただよっています。**星が生まれるのは，それら

宇宙に完全な真空はある？

恒星と恒星の間には，1立方センチメートルあたり1個の原子が存在すると考えられています。銀河系とアンドロメダ銀河の間に，星はほとんどありません。しかしこのような空間でも，1立方メートルあたり1個の原子が存在します。

星と星の間

ケンタウルス座α星

太陽

1立方センチメートル
あたり1個の原子

のガスが自らの重力によってたがいに引き合い，圧縮されるためです。

自然界にも，完全な真空は存在しないらしい

太陽から最も近い恒星は，約4光年はなれたケンタウルス座α星です。**太陽とケンタウルス座α星の間の宇宙空間には，1立方センチメートルあたり1個の原子（おもに水素原子，H）が存在していると考えられています。** また，銀河系の外，たとえば私たちの銀河系からとなりのアンドロメダ銀河までは，約230万光年の距離があります。**そのような空間でも，実際には1立方メートルあたり1個という，ごくわずかな数の原子が存在しています。** どうやら自然界にも，完全な真空は存在しないようです。

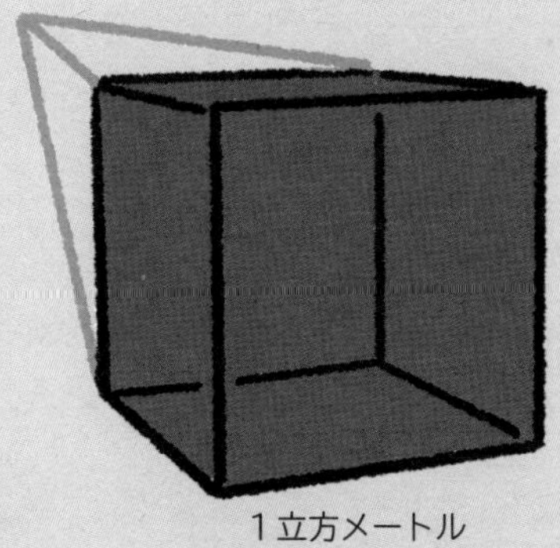

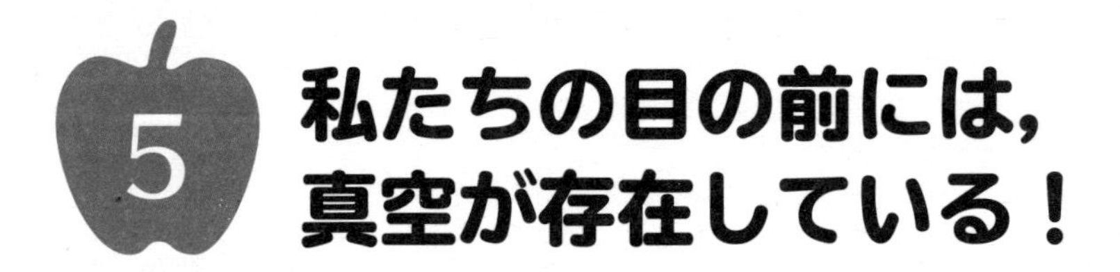

5 私たちの目の前には，真空が存在している！

空気は窒素や酸素の分子からできている

真空と聞くと，私たちの日常生活とはかけはなれたものだと感じるかもしれません。ところが「真空」は，実は私たちの身のまわりにあふれています。たとえば，部屋の中の空気（1気圧，20℃）について考えてみましょう。**空気は，おもに窒素の分子（N_2）や酸素の分子（O_2）からできています。**窒素や酸素の分子は非常に小さく，そのサイズは0.35ナノメートル（ナノは10億分の1）ほどしかありません。そして，きわめて小さなそれらの分子は，1立方センチメートルの空間に2.5×10^{19}個（2500兆個の1万倍）も存在しています。

分子と分子の間の空間は真空

しかし，それほどの数が存在していても，分子と分子の間には空間があります。分子と分子の間の平均的な距離は，数ナノメートルほどです。しかしその距離は，分子のサイズの10倍ほどもあります。**「物質がない」という意味では，分子と分子の間の空間は，真空だといえるのです。**つまり，空気は実はすかすかで，真空とほとんど差がない，といっても過言ではないのです。

分子と分子の間に広がる真空

部屋の空気を分子のレベルで見ると，窒素分子や酸素分子などが無数に飛びかっています。しかし，それらの分子と分子の間には，物は何もありません。つまり，そこは真空だといえます。

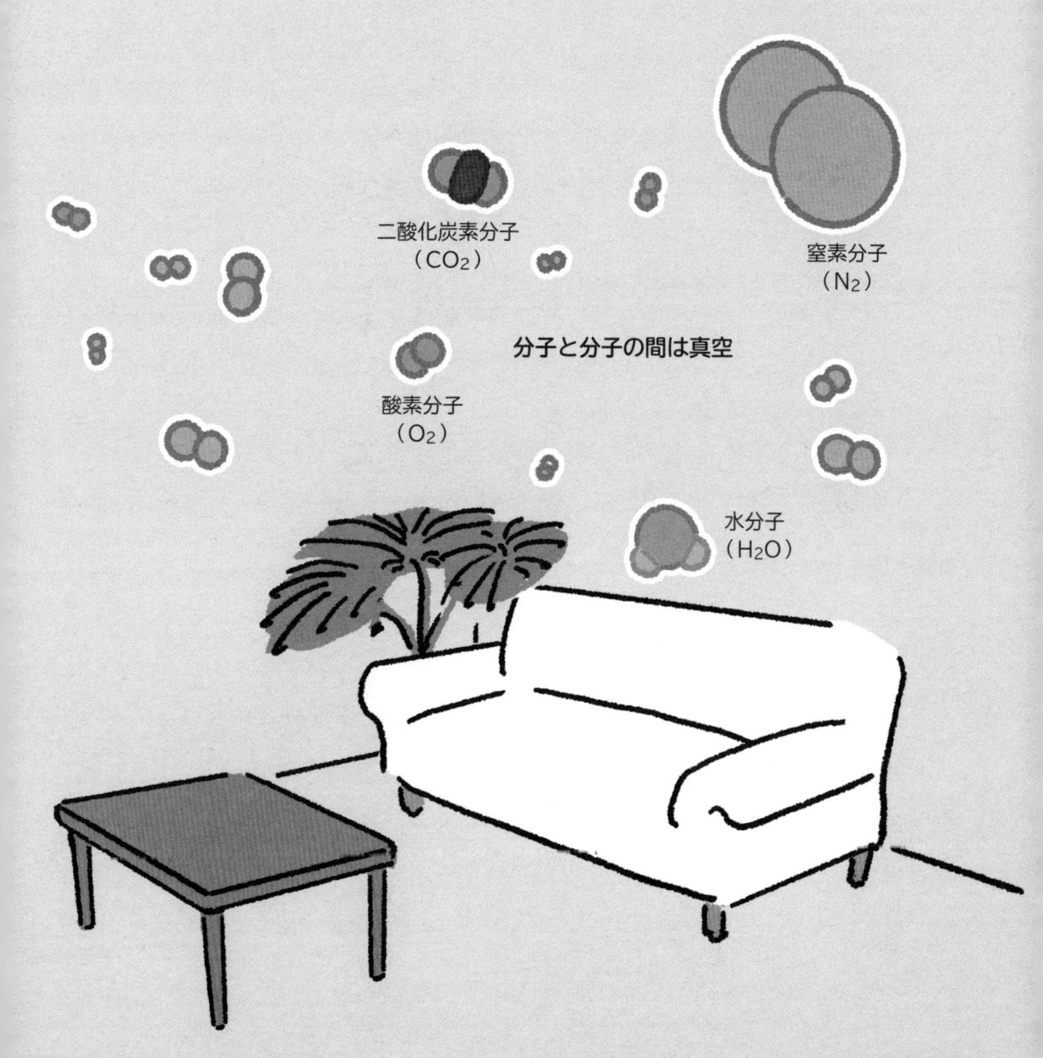

6 私たち自身も，ほぼ真空だった

原子の大部分は，ある意味で真空

前のページでみたように，空気中を飛びかう無数の窒素分子や，酸素分子の間の空間は，真空だといえます。さらに，その分子を構成している原子は，中央の原子核とその周囲をとびまわる電子からなり，原子核と電子の間は何もないので，やはり真空だといえます。

水分子を構成している，水素原子の内部をのぞいてみましょう。原子の大きさは1000万分の1ミリメートル（10^{-10}メートル）程度で，右のイラストのように，中心には原子核があります。原子核の大きさは，原子の大きさの10万分の1程度で，原子核の周囲には電子が飛びまわっています。電子の大きさは，わかっていません。しかし原子核の大きさからすると，無視できるほど小さなものです。**このように考えると，原子の大部分は，ある意味で真空だといえるのです。**

人体も，実はほぼ真空

人体や身のまわりのあらゆる物質は，「原子」でできています。ですから，あなたの体も，実はほぼ真空だといえるでしょう。ただし，こうした原子の中の真空にも，物質以外のさまざまなものが満ちています。それは，次の章で見ていきましょう。

原子の中はスカスカ

原子は，中央にある「原子核」と，その周囲をとびまわる「電子」からなります。原子核を東京駅に置かれた1メートルの球だと考えると，電子は約100キロメートルも先の銚子，宇都宮あたりを飛んでいることになります。

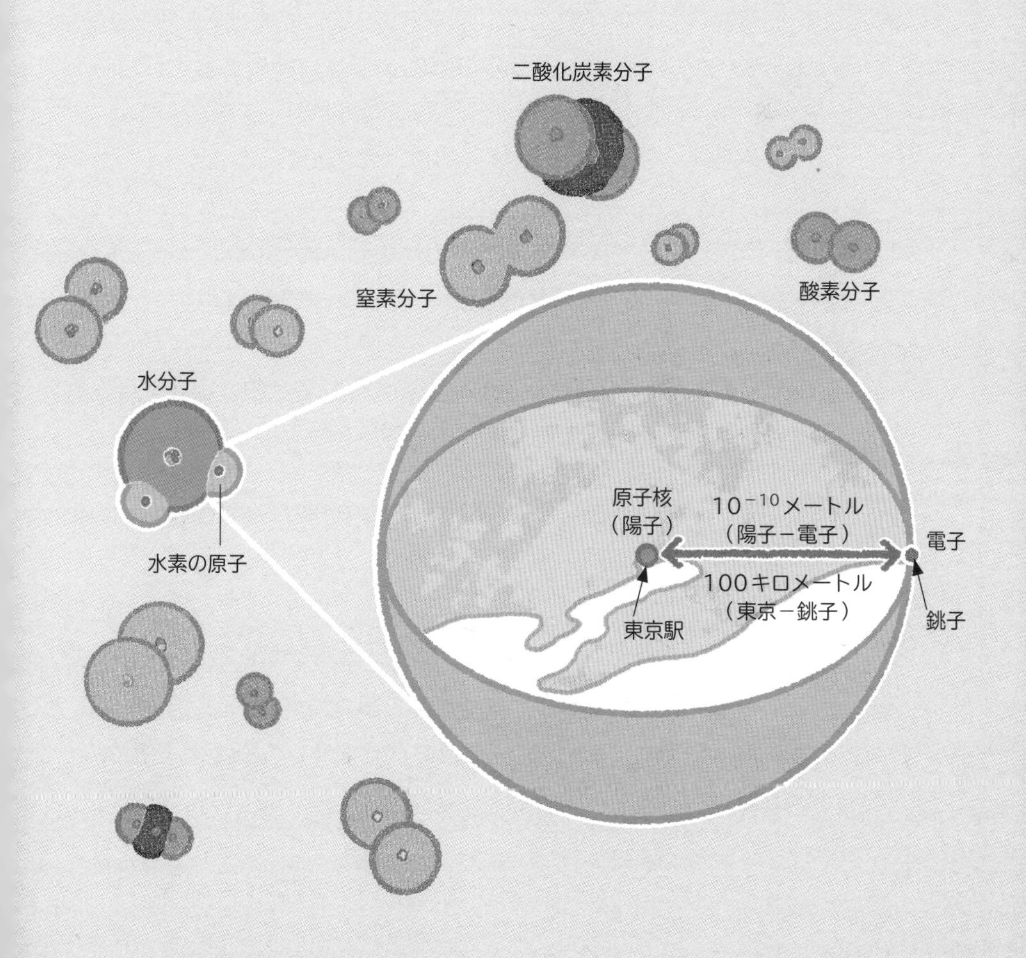

博士！
教えて!!

真空はどこまで実現できる？

博士！　この手動ポンプを使ったら，人工的に真空がつくれるって本当ですか？

うむ。空気中の気体分子の個数が少ない状態になる。じゃが，気体分子がまったくない状態は無理じゃ。手動の真空ポンプを使ってできるのは，低真空までじゃな。

低真空ってなんですか？

真空には種類があるんじゃよ。「低真空」「中真空」「高真空」「超高真空」「極高真空」の5段階ある。食品の包装などに用いられるのは，おもに低真空じゃ。

へええ。「真空パック」って書いてある食品は，空気がまったくないのかと思ってました。

残念じゃったな。気体分子がまったくない「絶対真空」は，仮想的な状態で，まだ実現できていないんじゃ。

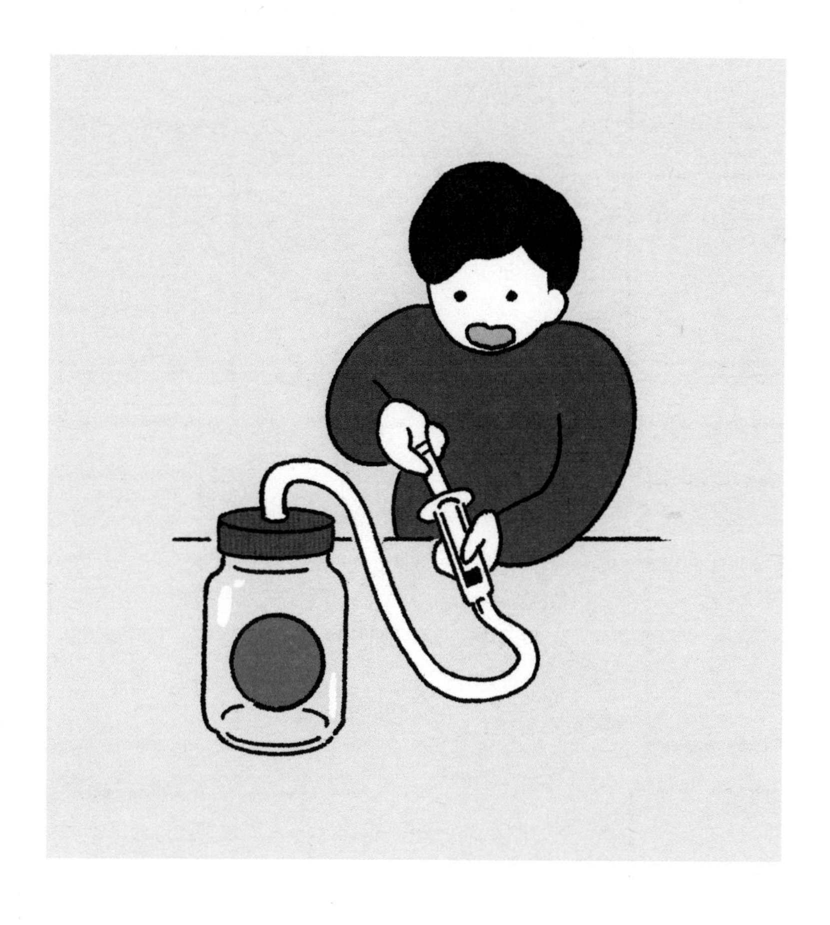

トリチェリの問題

ギリシア時代から
つづいていた
「真空は存在するか？」
の問題に答えを出した

物理学者トリチェリ

トリチェリは
1608年に
イタリアで生まれた

成長したトリチェリは
ローマへと向かう

はじめは
数学者ベネデット・
カステリの秘書を
していたという

秘書トリチェリ

のちに
天文学者で物理学者の
ガリレオ・ガリレイ
（1564～1642）
の弟子となる

幾何学者としても
有名だった
トリチェリは
数学者のフェルマー
から出された難題も
解いてみせた

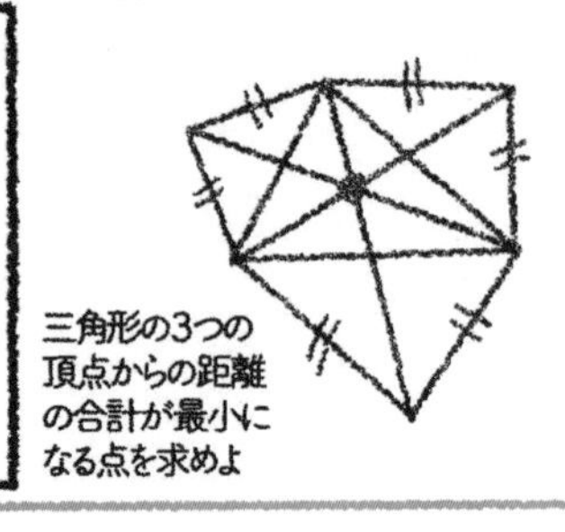

三角形の3つの
頂点からの距離
の合計が最小に
なる点を求めよ

のちにこの問題は
「トリチェリの問題」と
いわれるようになった

ガリレオの弟子

1641年
トリチェリは
ガリレオ・ガリレイに
出会い
弟子となる

ガリレオから
大きな
影響を受ける

なぜ10メートルより
深い井戸からは
水が吸い上げられな
いのか？

トリチェリは
大気圧や真空に
ついて考えを
めぐらせた

1643年
水銀柱を使った実験で
真空の存在を
証明してみせた

地動説を唱えた
ガリレオの弟子が
天動説を唱えた
アリストテレスの説を
破ったのだ

その後
ピサ大学の数学の
教授として
まねかれる

1647年
腸チフスにかかり
39歳で早すぎる
最期をむかえた

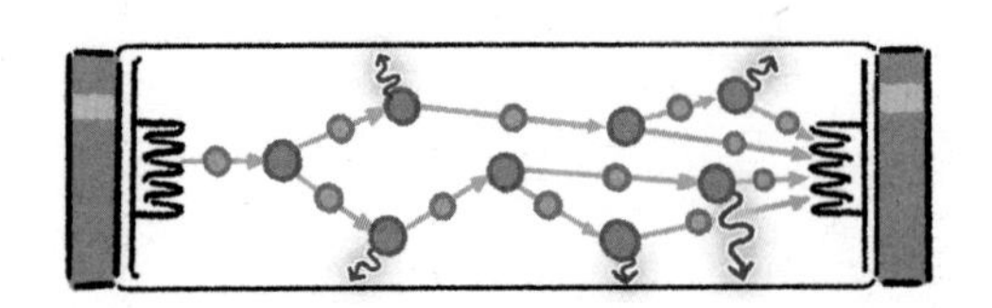

4. 「無」の空間には何かが満ちている

何もないようにみえる無の空間には，実は目に見えない何かがあるようです。その何かがあるから，磁力や電気力は真空の中を伝わっていけるのです。第４章では，真空の中に何があるのかを探っていきます。

1 真空は，完全な無ではない！

物質を取り去っても，完全なからっぽにならない

空間から物質をすべて取りのぞいて真空にしたら，その空間は完全なからっぽといえるのでしょうか？　真空ポンプを使って，ある箱の中から空気を吸いだすことを考えましょう。箱の中は物質が少なくなっていき，ほぼ真空になります。**しかし，箱から物質を取りさっただけでは，完全なからっぽになったとはいえません。**

真空には，さまざまなものが満ちている

空間にはまだ，光（電磁波）が含まれています。箱の壁が，赤外線などの光をつねに放射しているからです。これを「熱放射」といいます。この箱全体の温度を，自然界の温度の下限である「絶対0度（マイナス273.15度）」の近くになるまで下げていけば，熱放射は限りなくゼロに近づけることができます。今度は，完全なからっぽになったでしょうか。現代物理学によれば，そうではありません。**物質や光を取りさり，一見すると完全なからっぽになったようにみえても，真空には「ヒッグス場」や「ダークエネルギー」など，さまざまなものが満ちているというのです。**

真空には何かが満ちている

もしある空間から物質を完全に取り去り，さらに，周囲の熱源からの光（電磁波）もなくしたとしましょう。しかし，その空間にはまだ，「ヒッグス場」や「ダークエネルギー」など，さまざまなものが満ちているといいます。

何もないように見えるけど，
あるんだニャ♪

2 真空でも，磁石のNとSは引き合う

磁力や電気力は，真空の空間でも伝わる

磁石ははなれていても，磁力によって引き合います。また，下敷きで頭をこすってからはなすと，静電気の力（電気力）によって髪の毛が下敷きに引かれ，浮かび上がります。なぜ，はなれていても力が伝わるのでしょう？　音は，空気をふるわせて伝わります。磁力や電気力も，空気のような何らかの目に見えない物質によって伝わっているのでしょうか？　そうではありません。**実は，磁力や電気力は，物質がない真空の空間でも伝わるのです。**

電磁場は，空間そのものの性質

たとえば宇宙飛行士は，ほぼ真空といえる宇宙空間でも，方位磁石を使って地球の磁力を観測できます。**真空には，物質はありません。しかし物質ではない何かが，存在しています。この何かは，「場（ば）」とよばれています。**磁力を伝える場は「磁場（じば）」，電気力を伝える場は「電場（でんば）」といいます。両者は密接に関連しているので，まとめて「電磁場（でんじば）」ともよばれます。**場は空間そのものの性質なので，物質とはちがい，どんなポンプを使ってもなくすことはできません。**そのため，物質がない真空中でも存在できるのです。

真空でも電磁気力は伝わる

宇宙空間は，ほぼ真空といえます。磁力は真空の宇宙空間でも伝わるので，方位磁石を使って，地球の磁場の向きを調べることができます。また，電気力も真空の宇宙空間を伝わるので，宇宙飛行士と宇宙船の間で静電気が生じる可能性があります。

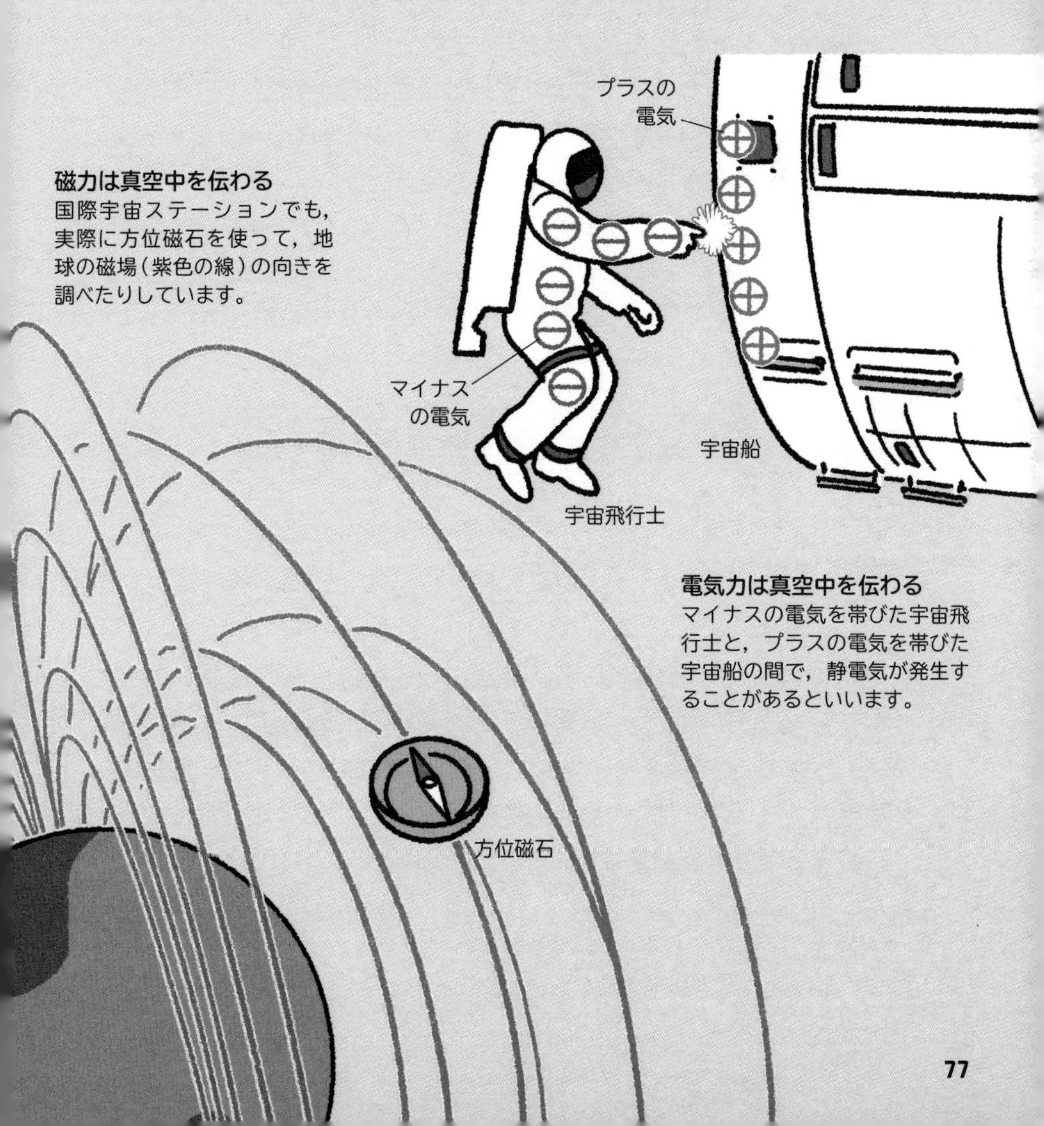

磁力は真空中を伝わる
国際宇宙ステーションでも，実際に方位磁石を使って，地球の磁場（紫色の線）の向きを調べたりしています。

電気力は真空中を伝わる
マイナスの電気を帯びた宇宙飛行士と，プラスの電気を帯びた宇宙船の間で，静電気が発生することがあるといいます。

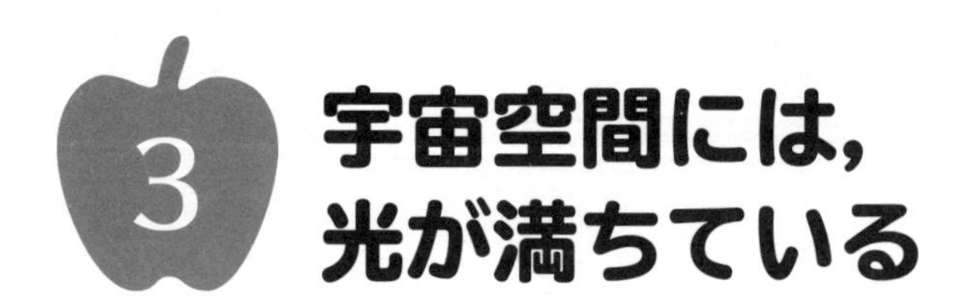

3 宇宙空間には，光が満ちている

見えるのは，目にたまたま飛びこんできた光だけ

真空の宇宙空間は，無数の光に満ちています。しかし，そのほとんどは，あなたには見えていません。**たとえば宇宙空間で，目の前を非常に強い光が通過したとしても，その光は見えません。あなたに見えるのは，目にたまたま飛びこんできた光だけです。**

ふだん，暗い部屋の中へ窓から光がさしこむようすを見ることがあります。この場合，自分の目に入ってくる光とは別の方向に進む光の道筋が見えているように思えます。しかし，そうではありません。これは，空気中をただようちりなどによって，光が散乱し，その光があなたの目に届いているために見えるのです。ちりのない宇宙空間では，目の前をとおり過ぎる無数の光はまったく見えないのです。

星や銀河からの光は，見えない光を含んでいる

また，宇宙を満たす光は，私たちの目に見える光だけではありません。**星や銀河からの光は，私たちには見えない，ガンマ線，X線，紫外線，赤外線，電波などの光を含んでいます。**これらの光は，波長（波の山と次の山までの長さ）によって種類が決まります。何もないようにみえる真空の宇宙空間には，光が満ちているのです。

見えない光が飛びかう宇宙

宇宙空間では，私たちの目に飛びこんだ光だけが見え，ほかの方向に進む光は見えません。その結果，宇宙空間は真っ暗にみえます。また，人が見ることができないさまざまな波長の光が飛びかっています。

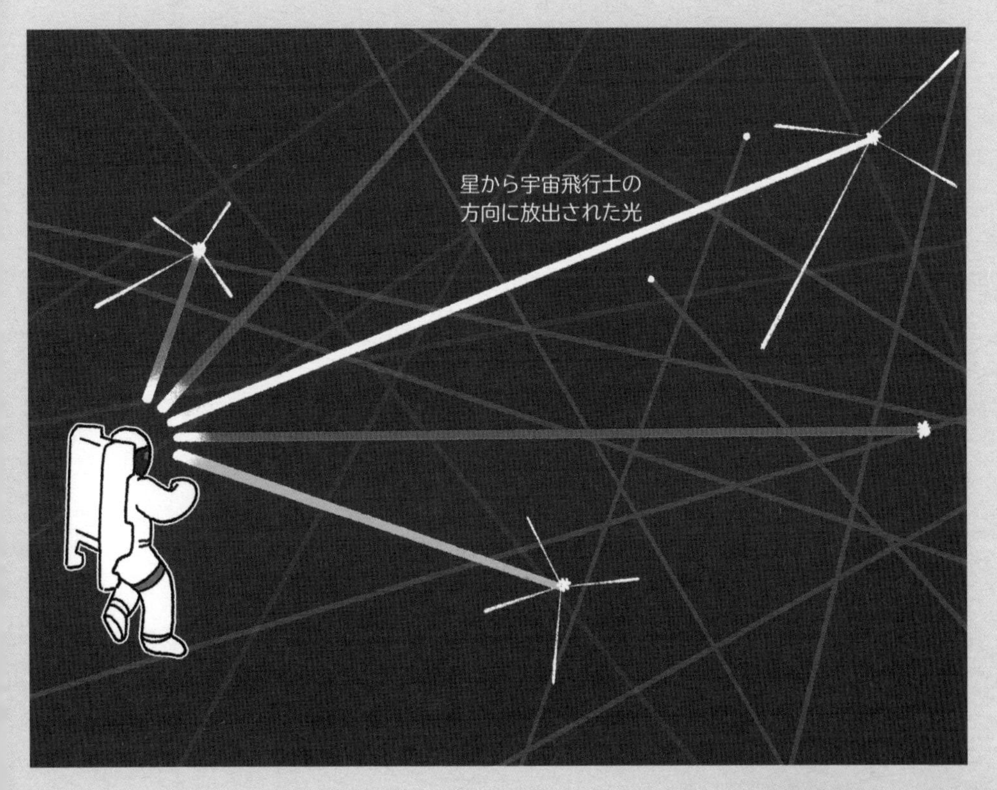

目に飛びこんできた光以外の光は，たとえ近くを通っていても見えないのね。

光は，真空中の「場」をゆらして伝わる

光を伝えるのは電場と磁場

夜空を見上げると，遠くの星の光を見ることができます。これは，光が真空の宇宙空間を伝わることができることを意味しています。**光は，「物質」ではなく，真空にある「場」が振動することで伝わっています。光を伝えるのは，電場と磁場です。**このことから，光は「電磁波（でんじは）」ともよばれています。

電場がゆれ動くと，磁場もゆれ動く

静かな水面に物が落ちると，水面が上下に振動することで，周囲に波が伝わっていきます。電場や磁場は，この水面のようなものです。たとえば，マイナスの電気をおびた電子が原子の中でゆれ動くと，電子の周囲の電場もゆれ動きます。**電場と磁場は密接な関係があるので，電場がゆれ動くと，磁場もゆれ動きます。この現象が，電磁波，すなわち光の正体です。**光は，真空中にも存在できる電場と磁場の振動が伝わる波なので，真空である宇宙空間でも伝わることができます。太陽や，身のまわりの美しいものが見えるのは，電場や磁場のおかげなのです。

電場と磁場をゆらして伝わる

電子などの電気をおびた粒子が上下に振動すると，電場や磁場が振動して周囲に伝わっていきます。これが電磁波です。電場や磁場の振動は，水面の波に似ています。

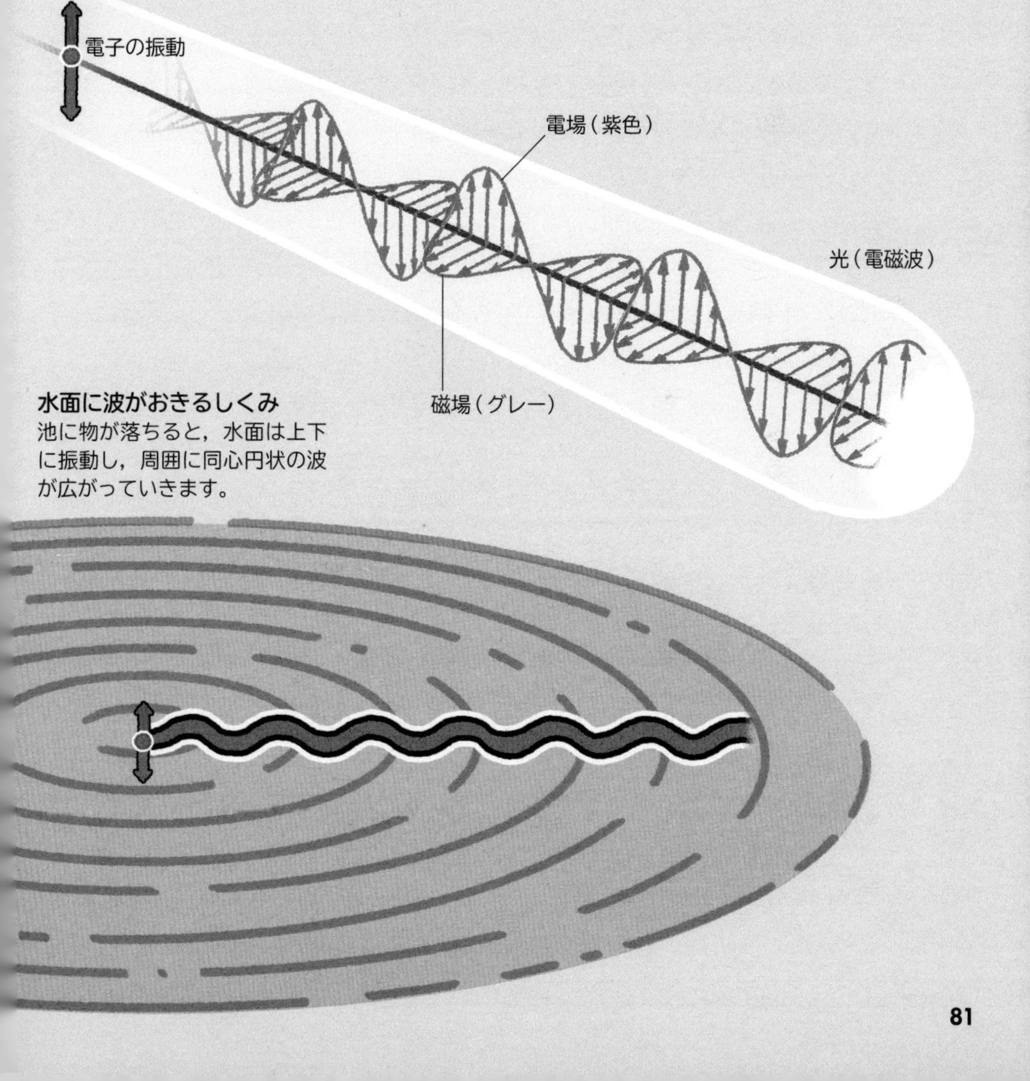

水面に波がおきるしくみ
池に物が落ちると，水面は上下に振動し，周囲に同心円状の波が広がっていきます。

5 真空を埋めつくす何かが，素粒子にまとわりつく

何かによって，速度を遅くさせられる

素粒子物理学によると，真空には電場や磁場以外に，「ヒッグス場」とよばれる場が存在しているといいます。

素粒子とは，物質などを分割していったときにたどりつく，それ以上分割できないと考えられる究極に小さい粒子のことです。そしてその素粒子の性質を明らかにする学問が，素粒子物理学です。

真空中を進む光の速度は，秒速約30万キロメートルで，自然界の最高速度です。何ものも，光の速度をこえて進むことはできません。**光以外のほとんどの素粒子は，空間に満ちている何かによって，速度を遅くさせられています。この何かが，ヒッグス場です。**

素粒子に質量をあたえるはたらきをもつ

ヒッグス場は空間を埋めつくしており，そこを進む素粒子は“ヒッグス場の衣”をまとって進むことになるといいます。そのためほとんどの素粒子は，光のように速く進むことができなくなります。ヒッグス場の衣の厚さは，素粒子の種類によってことなります。衣が厚い素粒子ほど，加速や減速がしにくくなり，質量が大きくなります。**つまりヒッグス場は，素粒子に質量をあたえるはたらきをもつのです。**

ヒッグス場を進む素粒子

ヒッグス場の中で，素粒子がヒッグス場の衣をまとって進んでいるイメージです。真空の宇宙空間も，分子と分子の間の真空も，原子の中の真空も，ヒッグス場で埋めつくされています。

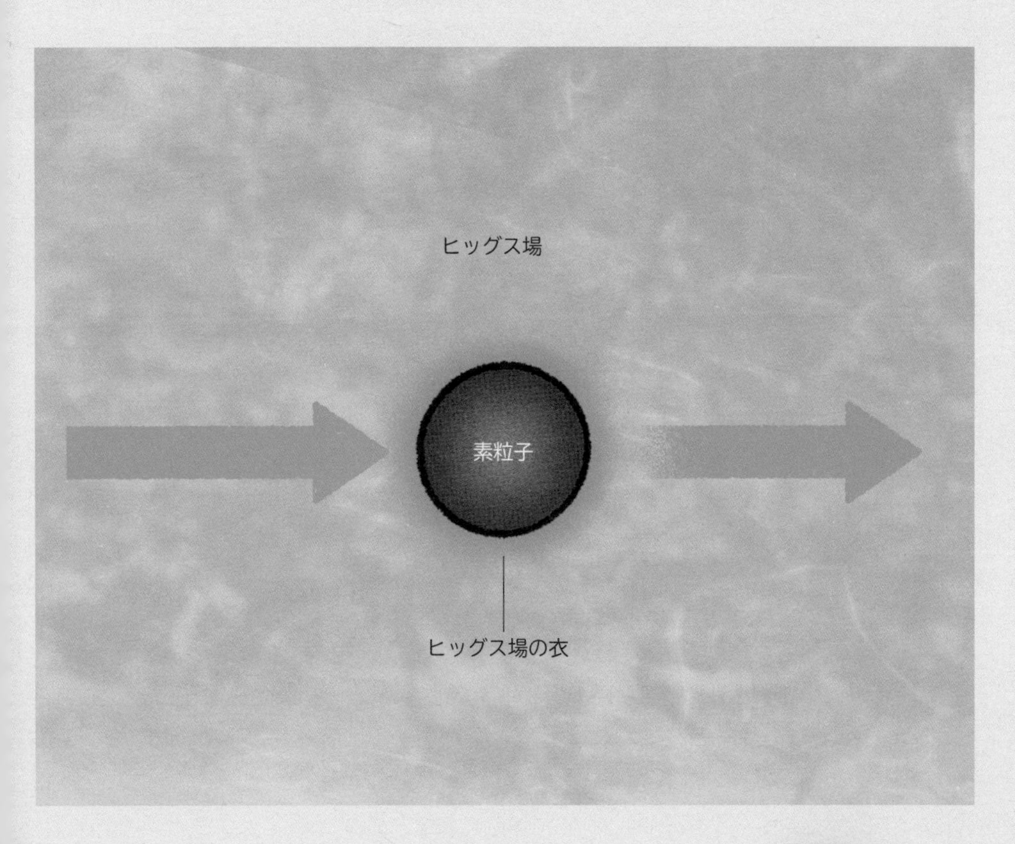

素粒子は，ヒッグス場の衣をまとうことで，質量をもつのね！

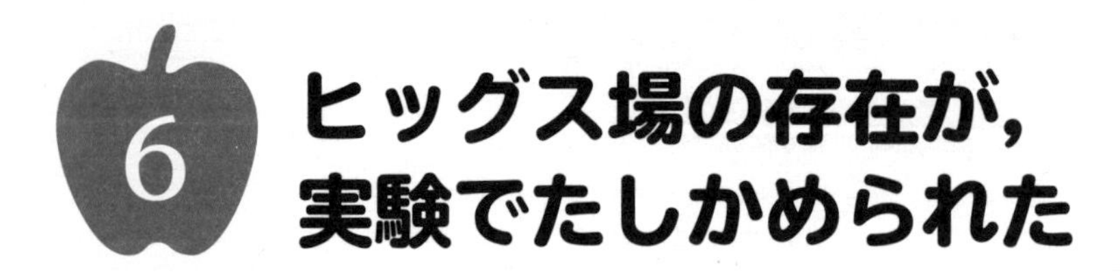

ヒッグス場の存在が，実験でたしかめられた

2013年にヒッグス場の存在を実証

真空中にヒッグス場が満ちているといわれても，簡単には信じられないのではないでしょうか。**しかし素粒子物理学者たちは，スイスのジュネーブ郊外にある「LHC（大型ハドロン衝突型加速器）」とよばれる実験装置を使って，2013年にヒッグス場の存在を実証しました。**

ヒッグス場に生じた波が，飛びだしてきた

LHCは，1週が約27キロメートルもある環状の管と検出装置からなる，巨大実験装置です。LHCでは，真空になった管の中で陽子を光速近くまで加速し，検出装置の中で陽子どうしを正面衝突させるという実験がくりかえされています。

そしてあるとき，ヒッグス場に生じた波が，かたまりとなって飛びだしてくるという現象が確認されました。これは，「ヒッグス粒子」という素粒子でした。こうして素粒子物理学者たちは，ヒッグス粒子を検出することで，ヒッグス場の存在を実証したのです。

ヒッグス場を実証した実験

素粒子物理学者たちは，LHCで陽子どうしの衝突をおこし，そのぼう大なエネルギーを1点に集中させて，ヒッグス場をゆり動かしました。すると，ヒッグス場に生じた波（ヒッグス粒子）が飛びだしてきました。

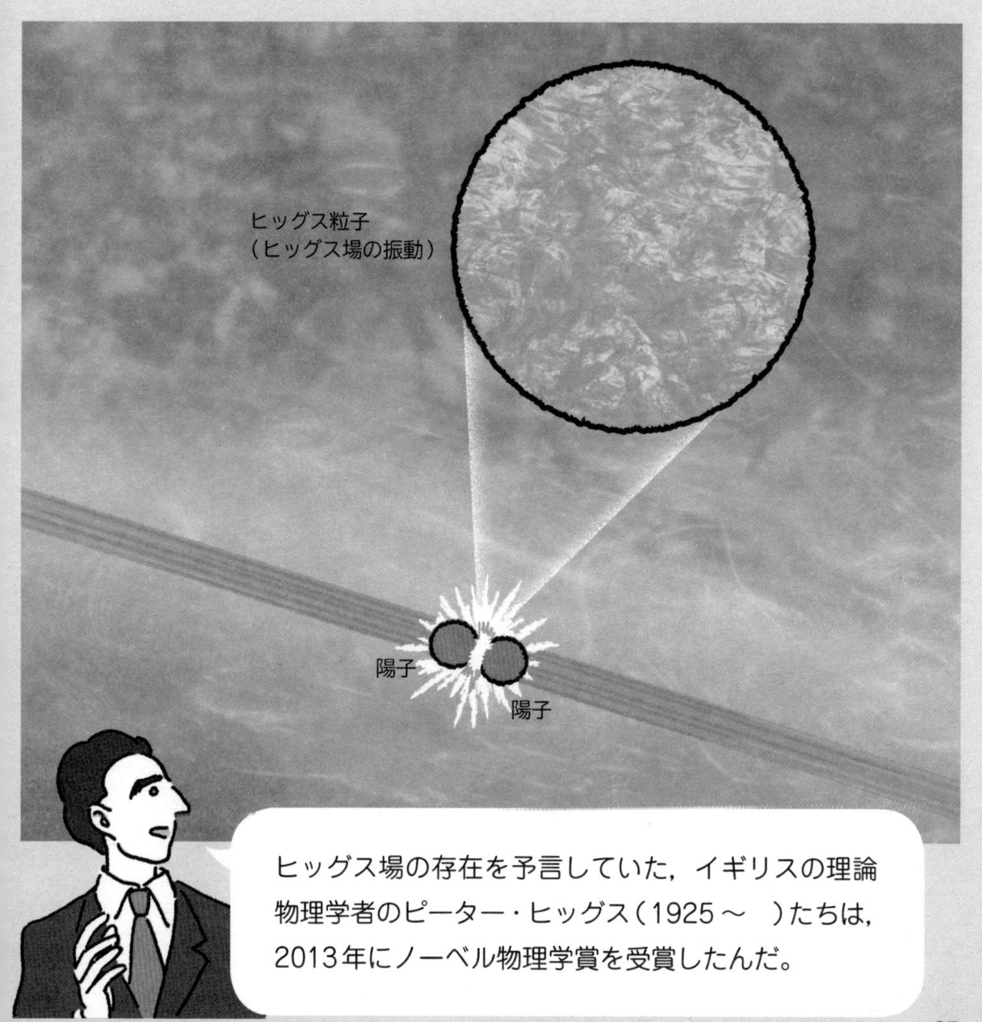

宇宙で生身だと，体は破裂する？

宇宙飛行士は，宇宙空間では宇宙服を着ています。宇宙服は，体温や湿度を保ち，宇宙線から身を守り，気圧を一定に保ちます。しかしもし，宇宙空間へ宇宙服なしで放りだされたら，どうなってしまうのでしょうか。気圧が0になると，体が膨張して破裂してしまうのでしょうか。

映画などでは，体が破裂する描写もあります。**しかし，実際には，気圧の変化で体が破裂することはないといわれています。**一つの事例を紹介しましょう。1965年のことです。NASAの真空室で，着ていた宇宙服から空気がもれるという事故がおきました。彼が意識を保っていたのは約14秒間。真空室は15秒と置かずに再加圧され，幸い，完全な真空にはならず，彼の意識はすぐ戻ったそうです。

のちに彼は，「事故にあったとき，空気がもれていく感じがわかり，その音が聞こえ，意識を失う前に，舌の上で水分が沸騰しはじめたのがわかった」と語っています。

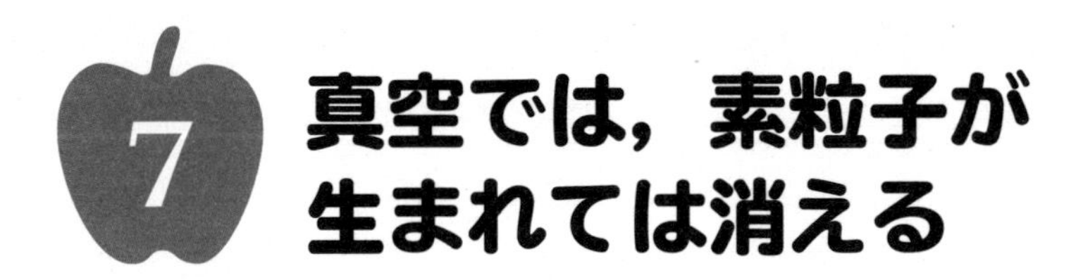

7 真空では，素粒子が生まれては消える

ミクロな世界では，素粒子の数もゆらぐ

素粒子のようなミクロな世界の物理法則は，「量子論」とよばれています。量子論によると，ミクロな世界は，「ゆらぎ」に支配されているといいます。

真空を，物質が存在しない空間と考えると，素粒子の数はゼロのはずです。しかしミクロな世界では，素粒子の数さえもゆらいでしまい，素粒子の数をゼロにとどめておくことはできないといいます。**なんとミクロな世界では，素粒子は生成と消滅をくりかえし，素粒子の数が時々刻々と変動しているというのです。**

粒子として検出することはできない

素粒子があらわれたり消えたりしているなら，一瞬とはいえ物質が存在するのですから，その空間は真空ではないように思えるかもしれません。**しかしこれらの素粒子は，普通の素粒子とはちがい，決して粒子として直接検出することができません。**箱の中を調べると，真空にしかみえないのです。そのためこれらの素粒子は，普通の検出可能な「実粒子」と区別して，「仮想粒子」とよばれています。

真空では素粒子の数がゆらぐ

箱の中からすべての物質を取りのぞき，絶対0度（マイナス273.15度）に冷やします。箱の中は真空です。しかしミクロな世界まで拡大してみると，ごく短い時間で素粒子があらわれたり消えたりしていると考えられます。

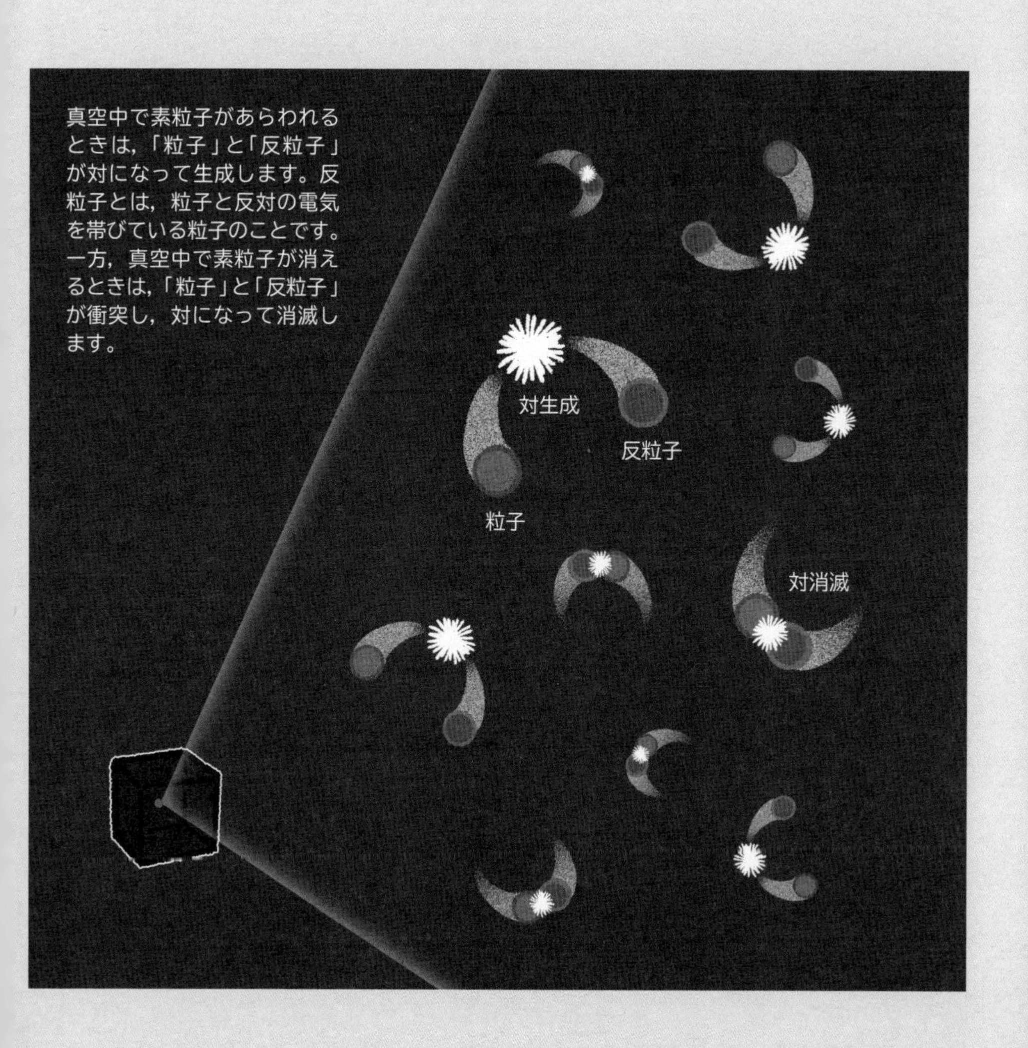

真空中で素粒子があらわれるときは，「粒子」と「反粒子」が対になって生成します。反粒子とは，粒子と反対の電気を帯びている粒子のことです。一方，真空中で素粒子が消えるときは，「粒子」と「反粒子」が衝突し，対になって消滅します。

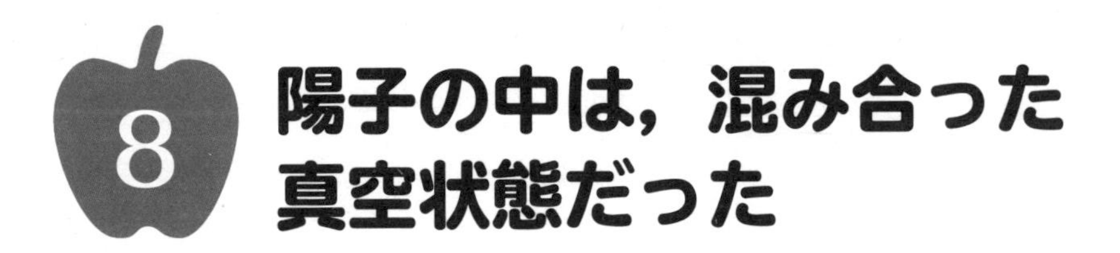

8 陽子の中は，混み合った真空状態だった

陽子や中性子の中身も，ほとんどからっぽ

原子の内部をのぞいてみると，中央の原子核と周囲を飛ぶ電子からなり，その間は真空です。では中央の原子核を構成する，陽子や中性子の内側はどうなっているのでしょうか。

陽子や中性子は，三つの「クォーク」とよばれる素粒子からできています。クォーク自体は，電子と同じく，点状の粒子です。**陽子や中性子の中身もほとんどからっぽで，クォークとクォークの間の空間は，ある種の真空だといえます。**

陽子の中では，たくさんの仮想粒子が生じている

素粒子物理学の「量子色力学」という理論によると，クォークは「グルーオン」とよばれる仮想粒子をたえず放出，吸収しているといいます。そしてグルーオンは，「クォーク」と「反クォーク」の対に変身してはグルーオンにもどる，ということをくりかえしているのだそうです。反クォークとは，クォークと反対の電気を帯びている粒子のことです。**つまり陽子の中は，ゆらぎによって生じるたくさんのグルーオンやクォーク，反クォークの海に，三つのクォークが浮かんでいるようなものなのです。**

仮想粒子で充満する陽子

水素原子の中央には，原子核として陽子が1個あります。陽子の中には，2個の「アップクォーク」と1個の「ダウンクォーク」があります。そして陽子の内部では，たくさんの仮想粒子があらわれては消えていると考えられています。

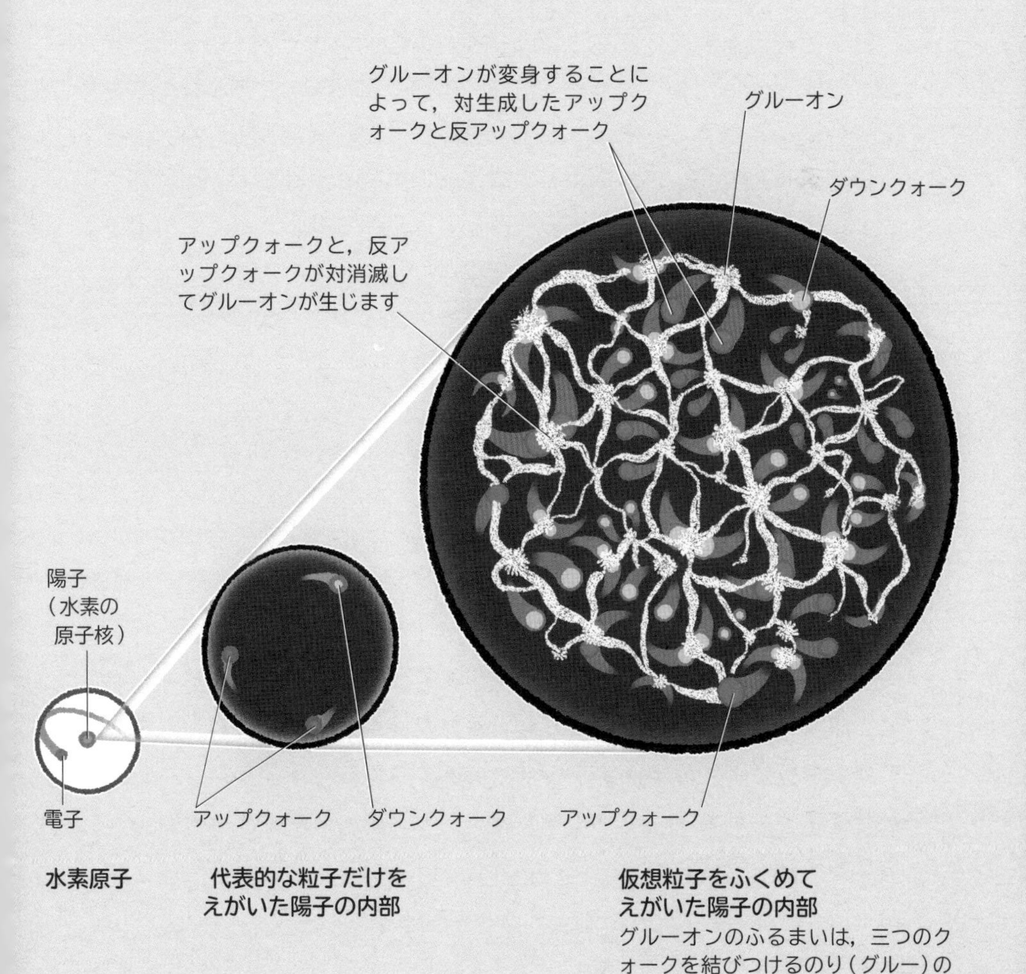

水素原子

代表的な粒子だけをえがいた陽子の内部

仮想粒子をふくめてえがいた陽子の内部
グルーオンのふるまいは，三つのクォークを結びつけるのり（グルー）のような役割を果たすことがわかっています。イラストでは，白い帯のようにえがいています。

からっぽの無の空間も，曲がったり，波打ったりする

重力の正体は，時空のゆがみ

ここで視点を変えて，空っぽの空間自体に注目してみましょう。太陽や地球といった天体のまわりには，重力が生じます。**アインシュタインは，その重力の正体は，天体のまわりの時空（時間と空間）のゆがみであると説明しました。**そのゆがみの影響を受けて，物体は落下し，光の進む方向さえも曲げられると考えたのです。そして，そのゆがんだ時空を記述する方程式をみちびきだしました。

無の空間でも，実体をもつ

アインシュタインはさらに，質量をもった物体がゆれ動くと，その周囲の時空のゆがみが波のように周囲に広がっていくと予言しました。これを，「重力波」といいます。

重力波はきわめて微弱なため，長年みつかっていませんでした。**しかし2016年，アメリカの重力波観測装置「LIGO（ライゴ）」が，世界ではじめてこの重力波を検出して話題となりました。**こうしたことから，たとえからっぽの無の空間であっても，空間そのものがゆがんだり波打ったりする，実体をもつ存在だといえるのです。

時空がゆがむ

イラストは，時空を網目状のゴムシートとしてえがいたものです。太陽などの質量の大きな物体のそばでは，時空はゆがみます。そのゆがみが，重力の正体です。また，非常に質量の大きい天体どうしの衝突などがおきると，時空のゆがみは波となって周囲に広がっていきます。

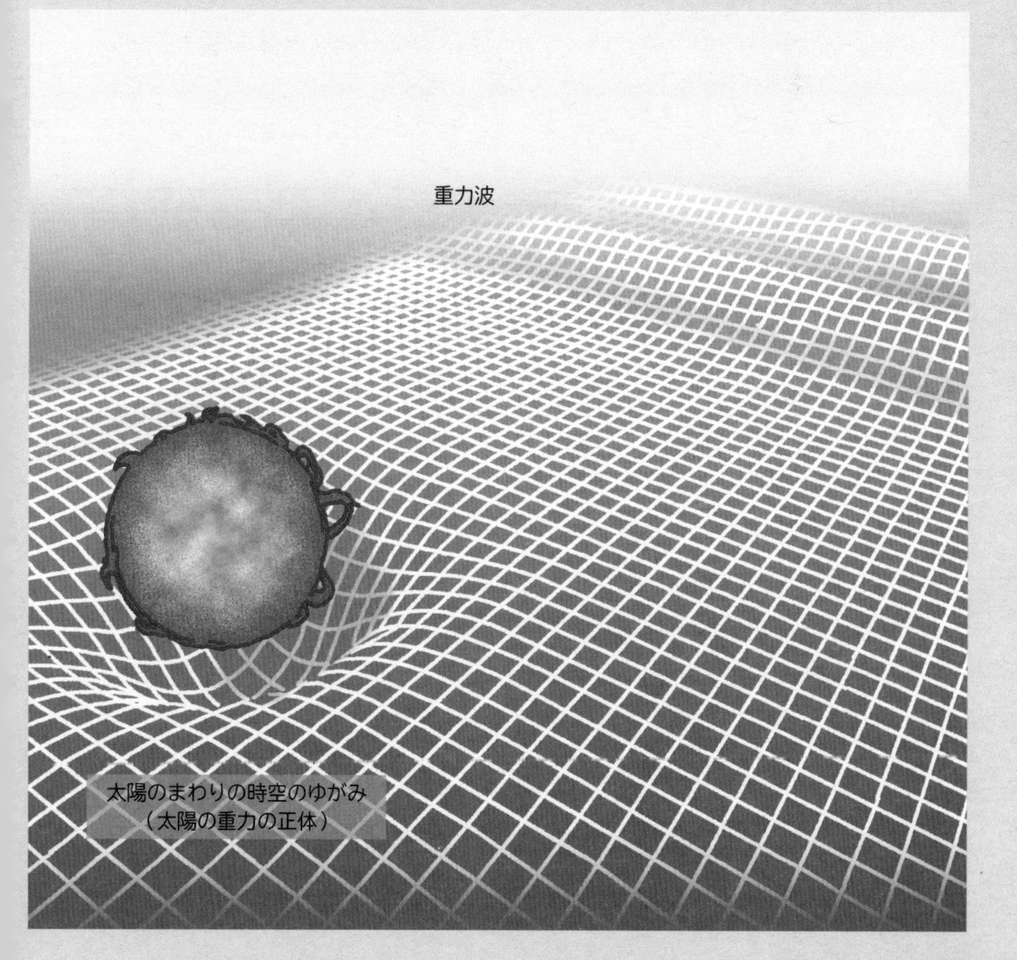

普通の物質をとりのぞいても，ダークマターが残る

ダークマターの姿は，見ることができない

私たちの体も，空気も，星も，あらゆる物質は原子からできています。**ところが宇宙には，原子以外の何かでできた，目には見えない未知の物質が大量に存在していると考えられています。その未知の物質は，「ダークマター（暗黒物質）」とよばれています。**ダークマターの姿は，見ることができません。それは，ダークマターが光を出さないからです。人の目に見える可視光線だけでなく，電波やX線などの，あらゆる電磁波を放ったり吸収したりしません。そのため，電磁波ではダークマターをとらえることができないのです。

普通の物質の５～６倍の質量のダークマターが存在

見えもしないダークマターが，なぜ「ある」と考えられているのでしょうか。実は，ダークマターには質量があり，周囲に重力をおよぼします。**宇宙の観測などから推定すると，宇宙には普通の物質の５～６倍もの質量のダークマターが存在しているとみられています。**つまり，空間から普通の物質をすべてとりのぞいても，大量のダークマターが残ることになるのです。

未知の物質「ダークマター」

イラストは，宇宙空間に満ちるダークマターのイメージです。ダークマターは，私たちの体を形づくる普通の物質とはことなり，見ることもさわることもできない未知の物質です。

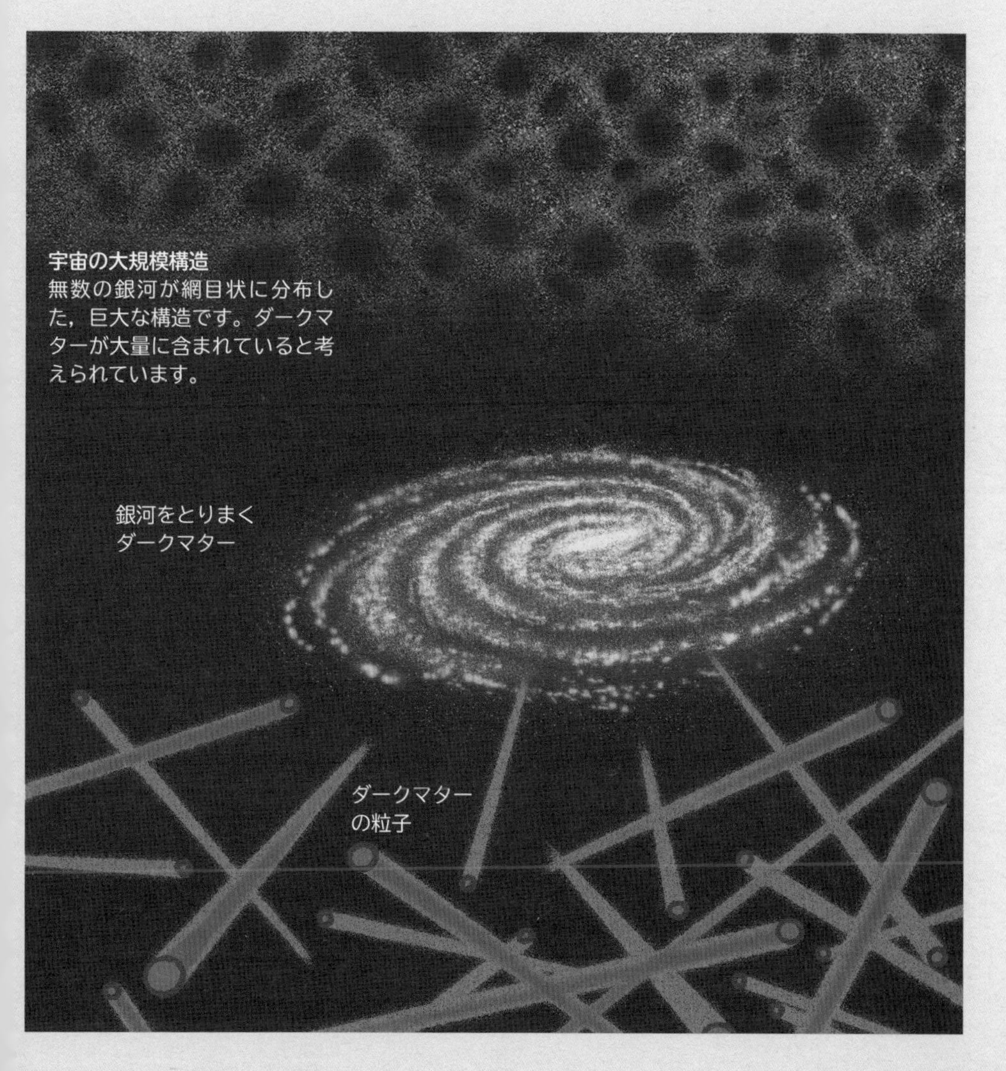

11 真空には，宇宙を膨張させるエネルギーが満ちている

宇宙が膨張していることを発見した

アインシュタインがみちびいた一般相対性理論によって，空間はそれ自身が変化するものだということがわかりました。さらに，この一般相対性理論を使って宇宙全体のふるまいを考えると，なんと宇宙全体が膨張しうるということも示されます。それは，宇宙空間そのものが広がるということを意味します。**そして実際，1929年に，天文学者のエドウィン・ハッブル（1889～1953）は，遠くの銀河を観測することで，確かに宇宙が膨張していることを発見しました。**

反発力の効果をもつ，謎のダークエネルギー

1998年，さらなる宇宙の観測によって，宇宙の膨張速度が加速していることが明らかになりました。一般相対性理論にもとづくと，宇宙の膨張が加速するということは，宇宙空間自体に膨張を加速させるような反発力がはたらいていることを意味します。真空の宇宙空間には，そうした反発力の効果をもつエネルギーが満ちているようなのです。**そのエネルギーの正体は謎につつまれており，「ダークエネルギー」とよばれています。**

宇宙の膨張は加速している

イラストは，膨張する宇宙のイメージです。宇宙全体が膨張しているため，宇宙のどの位置から見ても，まわりの銀河が遠ざかるように見えます。宇宙の膨張は加速していることから，真空の宇宙空間には，反発力を生むようなダークエネルギーが満ちていると考えられています。

12 真空の正体の解明が，物理学の課題

真空の研究は，物理学の進歩に貢献してきた

ここまでにみてきたとおり，真空はただのからっぽの空間などではありません。**真空の研究と，真空から発見された奇妙なものたちは，どれも物理学の進歩に貢献してきました。**

たとえば，かつて科学者たちは，光がなぜ宇宙空間を伝わることができるのかを調べることで，光が伝わるために物質は必要ではないことを発見しました。光は，真空に存在する「電磁場」が振動しながら伝わるものでした。

ダークエネルギーの正体は，最大のなぞの一つ

ヒッグス博士らは，真空には素粒子に質量をもたせるはたらきがある「ヒッグス場」が満ちていると考えました。ヒッグス場が存在することは，2013年にヒッグス粒子が発見されたことで確かめられました。**そして今，真空には宇宙の膨張を加速させる「ダークエネルギー」が満ちていると考えられています。ダークエネルギーの正体は，現代物理学における最大のなぞの一つです。**

真空の正体を解明することは，現代物理学のさまざまななぞを解くことにつながっているのです。

真空はにぎやか

物質を取りのぞいたはずの真空は，実は非常ににぎやかです。真空では，素粒子の対生成と対消滅がたえまなくおき，ヒッグス場やダークエネルギーなども存在します。

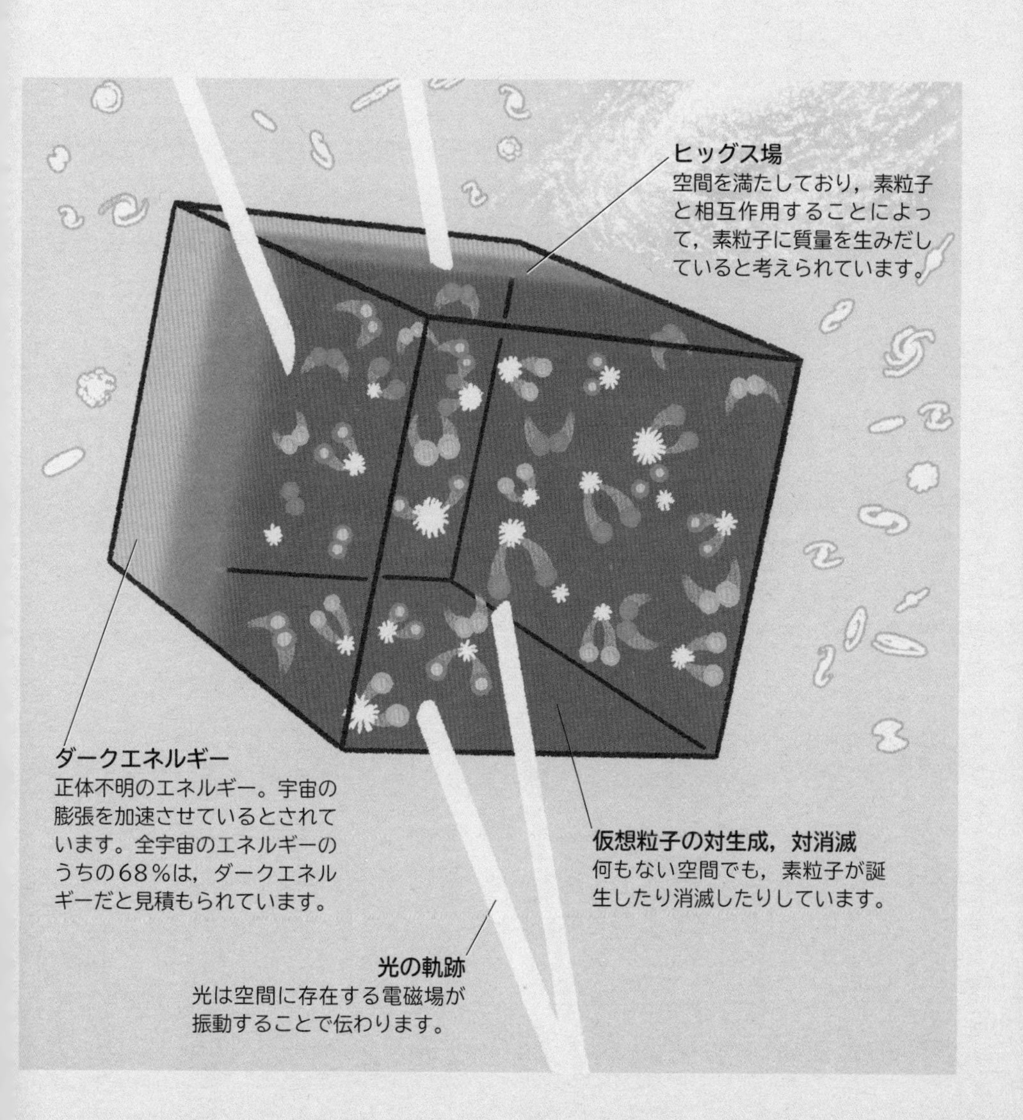

博士！
教えて!!

素粒子の大きさはどのくらい？

博士！　素粒子って顕微鏡で見ることができるんですか？

ふぉっふぉっふぉっ。精巧な顕微鏡でも，見ることはできんよ。物質は小さな原子でできておるのじゃが，その原子をつくっておるのがさらに小さな素粒子なんじゃ。

どのくらいの大きさなんですか？

原子の大きさが１億分の１センチメートルで，素粒子はさらに原子の10億分の１以下……。途方もなく小さいんじゃ。大きさゼロの点とも考えられておる。

そんなミクロな世界なんですね。素粒子って，どんな姿をしているんですか？

ふむ，よい質問じゃな。素粒子は，実際に見ることができず，謎の多い存在なんじゃ。最新の「超ひも理論」では，素粒子は点ではなく，ひもでできていると考えられている。ただし，これはまだ仮説で，実証はされておらんのじゃがな。

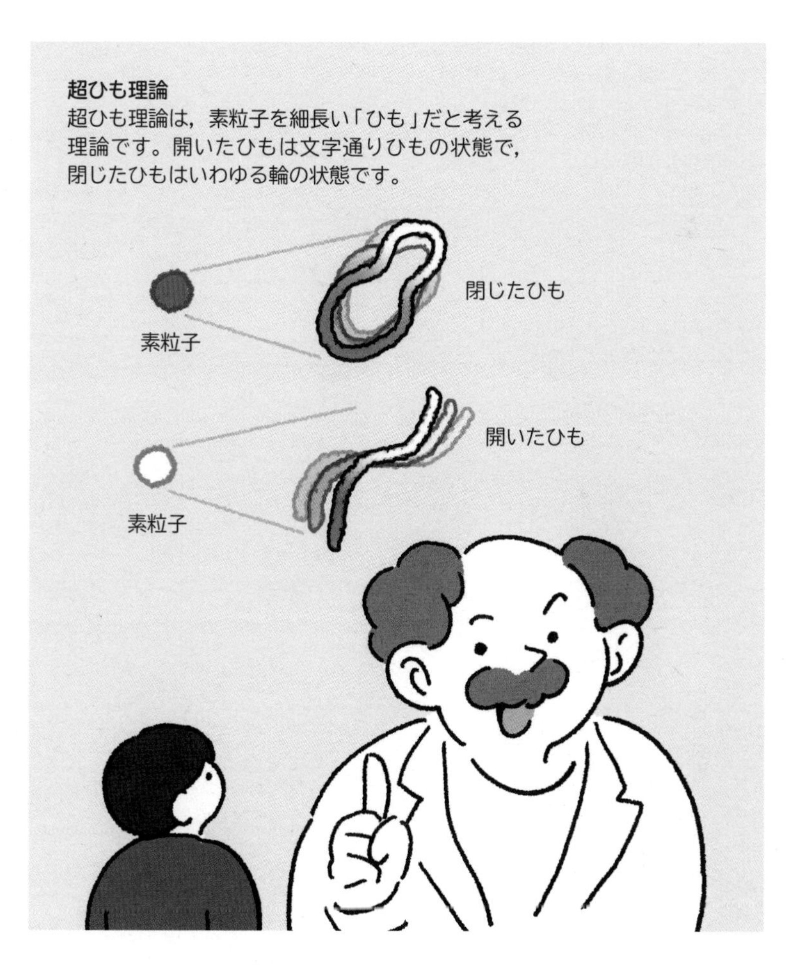
超ひも理論
超ひも理論は，素粒子を細長い「ひも」だと考える
理論です。開いたひもは文字通りひもの状態で，
閉じたひもはいわゆる輪の状態です。
閉じたひも
素粒子
開いたひも
素粒子

5. 時空の「無」が宇宙を生んだ

この宇宙は，時間も空間もない「無」から誕生したのかもしれません。時空のない無の世界では，宇宙の卵が，生まれては消えているといいます。第5章では，無からの宇宙創生の謎にせまります。

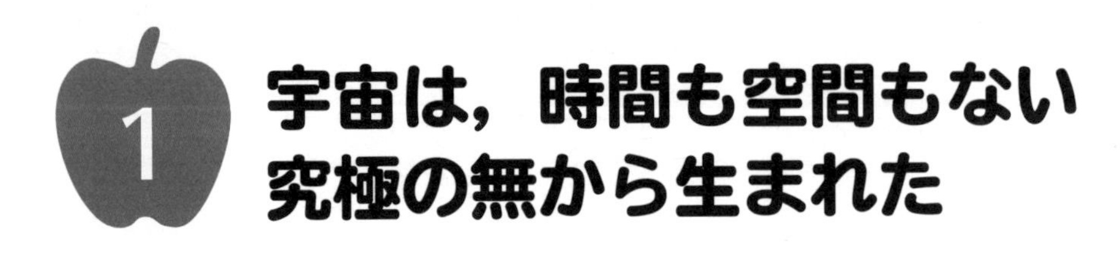

1 宇宙は，時間も空間もない究極の無から生まれた

宇宙は，大きさゼロの無から生まれた

「宇宙にはじまりはあったのか。それとも永遠の過去から宇宙は存在したのか…」。人類永遠の疑問に，大きな波紋を投げかける論文が，1982年に発表されました。アメリカの物理学者のアレキサンダー・ビレンキン（1949～　）の論文，「無からの宇宙創生」です。

ビレンキンは，宇宙は大きさゼロの無から生まれたといいます。生まれたての宇宙は，原子や原子核よりもはるかに小さく，その超ミクロな宇宙が急激に膨張することによって，広大な宇宙になったというのです。

時空の誕生があってはじめて，時間もはじまった

この発想は，素粒子の真空からの生成にヒントを得ています。量子論によると，たとえ真空であっても，何もないという状態はゆるされません。同じように無も，そのままではいられないというのです。**ビレンキンのいう無とは，空間がないばかりでなく，時間もない状態です。**宇宙の誕生，つまり時空の誕生があってはじめて，時間もはじまったというのです。

無からの宇宙創生

時間も空間もない無は，たえずゆらいでおり，超ミクロな宇宙が生まれてはすぐに収縮して消えているといいます。超ミクロな宇宙の中には，運よく膨張することができるものがいて，それが私たちの宇宙となりました。

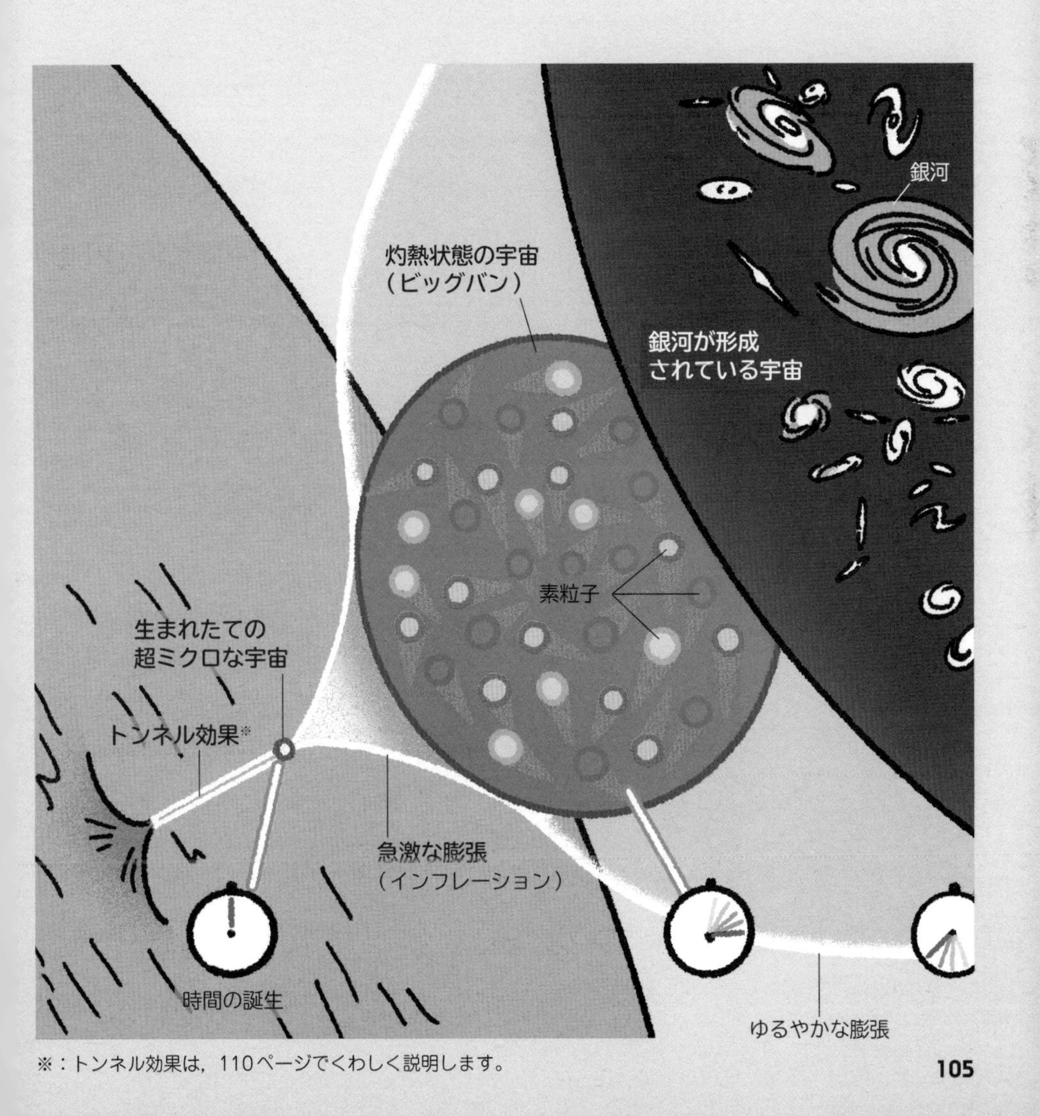

※：トンネル効果は，110ページでくわしく説明します。

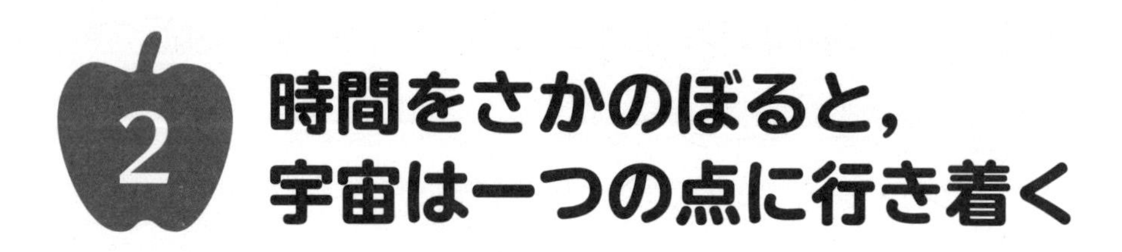

2 時間をさかのぼると，宇宙は一つの点に行き着く

特異点とは，時空のゆがみ方が無限大になる点

過去から未来へ，宇宙空間はどのように変化するのでしょうか。ロシアの数学者で宇宙物理学者のアレクサンドル・フリードマン（1888～1925）は，一般相対性理論をもとにして計算しました。**すると宇宙空間は，過去にさかのぼるとつぶれて，「特異点」という１点になってしまうことがわかりました。**特異点とは，時空のゆがみ方が無限大になる点で，そこでは物質の密度と温度も無限大になります。

相対性理論では，宇宙誕生の瞬間を解明できない

宇宙の過去が特異点に行き着くというのは，物理学者たちを悩ませました。なぜなら，特異点では物理学の計算結果が無限大になり，破たんしてしまうからです。**このため，特異点から宇宙がはじまったと考えると，宇宙が誕生した瞬間のようすを解き明かすことができなくなってしまいます。**つまり，一般相対性理論だけで考えてしまうと，宇宙誕生の瞬間を解明することはできないのです。

特異点から膨張する宇宙

一般相対性理論をもとに考えると，宇宙のはじまりは「特異点」という一つの点になります。イラストは，特異点を出発点にして，時間を経るごとに膨張して大きくなる宇宙（球の表面）のイメージをえがきました。

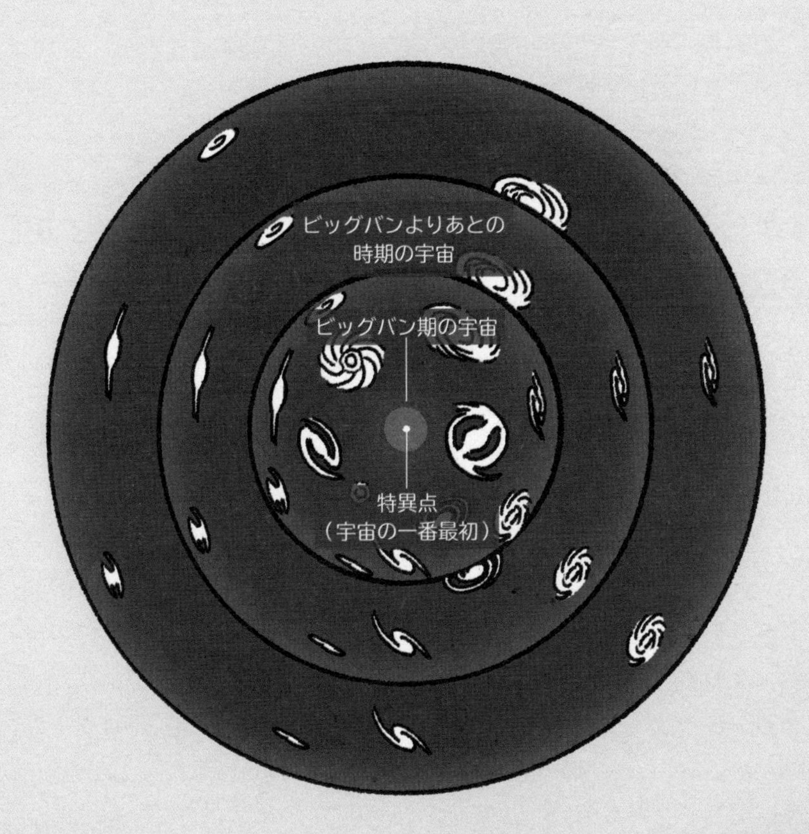

フリードマンが提案した，膨張する宇宙モデル
フリードマンが一般相対性理論の方程式からみちびいた宇宙モデルです。誕生からずっと，宇宙は膨張をつづけています。

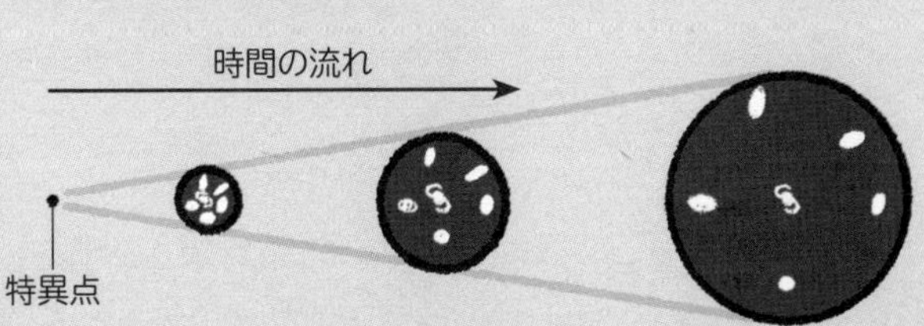

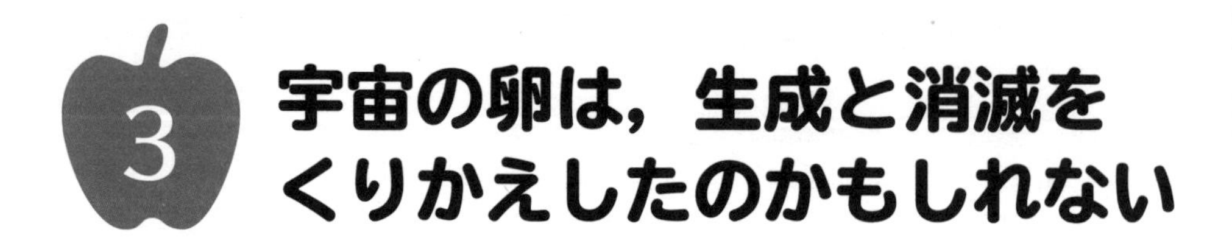

3 宇宙の卵は，生成と消滅をくりかえしたのかもしれない

ごく短時間では，存在自体も定まらない

一般相対性理論だけでは，宇宙誕生の瞬間を解明できないことがわかりました。そこで必要になるのが，「量子論」です。量子論とは，原子のような，ミクロな物質のふるまいなどを説明する理論です。

量子論によると，10^{-20}秒程度以下という，私たちが認識できないようなごく短い時間では，物質が「ある」，「ない」という存在自体も定まらなくなるといいます。何もないはずの真空中でも，粒子がペアになって生まれ，すぐに消滅するというのです。それと同じようなことが，宇宙が誕生するときにもおきていたと考えられています。

宇宙の卵から，膨張をはじめるものがあらわれた

宇宙の大きさが，10^{-33}センチメートル※よりも小さいときには，宇宙の存在自体がゆらいでおり，宇宙自体が生成，消滅をくりかえしていたのではないかと考えられています。そして，そのような宇宙の卵の中から，すさまじい勢いで膨張をはじめるものがあらわれました。これが私たちの宇宙になったらしいのです。しかしそれは，どのようなしくみでおきるのでしょうか。

※：プランク長。現在の物理学があつかえる最小の長さ。

宇宙の存在自体がゆらいでいた

10^{-33}センチメートルという極小の領域では，時空自体が大きくゆらいでいるという考えがあります。宇宙のはじまりが，極小サイズでおきたのだとすると，宇宙の存在自体がゆらいでいたのではないかと考えられています。

宇宙は，エネルギーの山をすりぬけて急膨張した

宇宙の卵が大きくなるには，エネルギーが必要

宇宙の卵の運命は，その大きさにかかっています。すなわち，小さければ宇宙の卵はすぐにつぶれてしまい，大きければ急激に膨張します。

宇宙の卵が，自然に急膨張を開始できるサイズにまで大きくなるには，その過程で大きなエネルギーが必要です。つまり，エネルギーの山をこえなくてはなりません。**ビレンキンは，「私たちの宇宙は，宇宙の卵がトンネル効果を使って山をこえ，急膨張する宇宙に転じて生じたものだ」と考えました。**

こえられないはずの高い山をこえられる

トンネル効果とは，量子論にもとづく現象です。**量子論では，ごく短い時間では，エネルギーの大きさは不確定になります。そのため，粒子が瞬間的に非常に大きな運動のエネルギーをもつ場合があるのです。**このようなスーパー粒子になると，右のイラストのように，本来はこえられないはずの高い山をこえて，山の向こう側に行くことができます。それがあたかも，粒子がいつのまにか山をすり抜けて，向こう側にたどりついたかのようにも見えるので，この現象を「トンネル効果」といいます。

トンネル効果

私たちが普段目にするマクロな大きさの球は，谷を行ったり来たりするだけで，山をこえることはできません。しかし，ミクロな世界では，粒子が瞬間的に高い運動エネルギーをもち，山の向こう側に行き着くことができる場合があります。これがトンネル効果です。

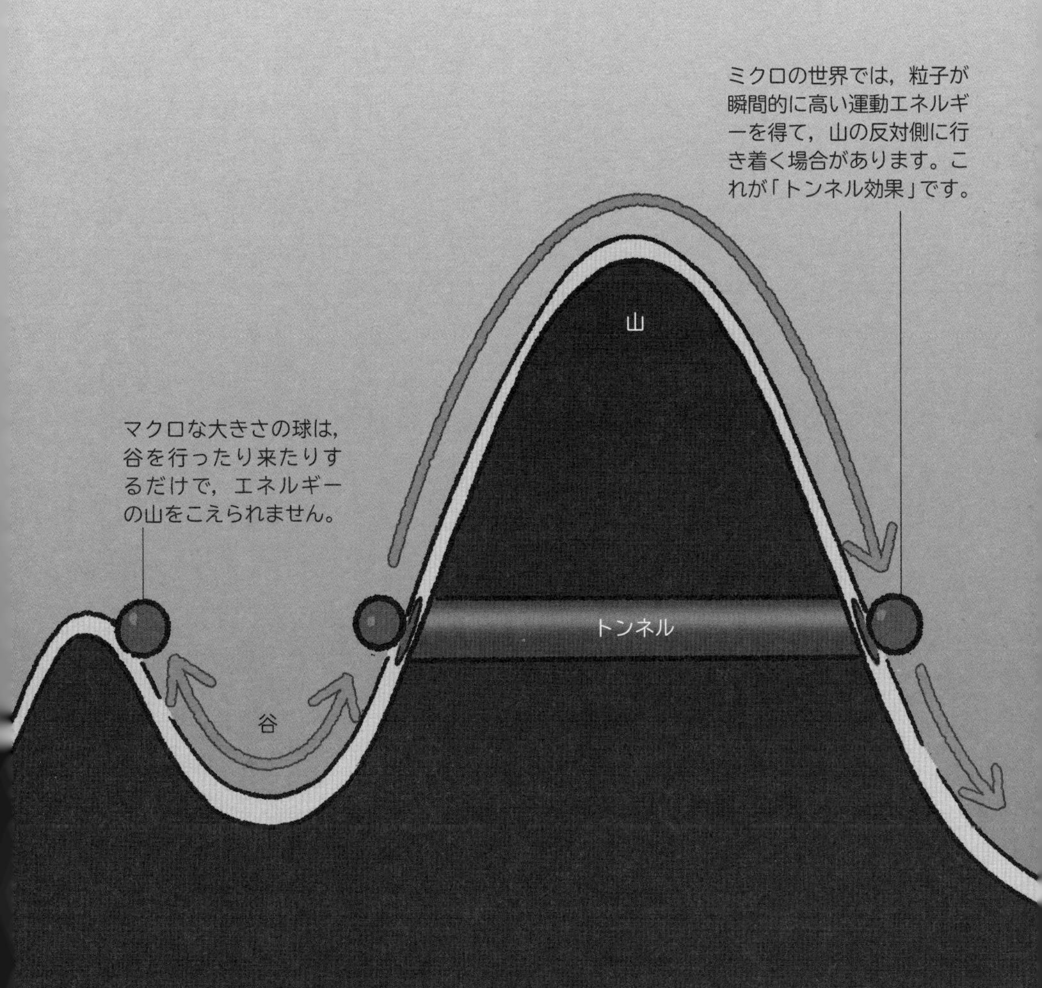

5 大きさゼロの宇宙の卵が，私たちの宇宙になった

宇宙の卵の大きさがゼロでも，トンネル効果がおきる

宇宙の卵がトンネル効果を経て，急膨張する宇宙に転じるために，卵はどれくらいの大きさが必要でしょう。ビレンキンは思考を重ねました。小さな宇宙の卵を考え，その大きさをどんどん小さくしていったら何がおきるのかを考えたのです。するとおどろくべき結果を得ました。**宇宙の卵の大きさがゼロであっても，トンネル効果がおきる確率はゼロではなかったのです。**むしろ宇宙の卵の大きさをゼロにした方が，計算は単純になりました。

小さな宇宙は，非常に高いエネルギーをもっている

この結論からビレンキンは，1982年に，私たちの宇宙は時間も空間もない無から生まれたという仮説，「無からの宇宙創生」を発表しました。トンネル効果によって創造された小さな宇宙は，非常に高いエネルギーをもっているといわれています。**この真空のエネルギーが空間の膨張力を生みだすため，小さな宇宙は急激な膨張（インフレーション）をするのです。**

宇宙の卵を小さくすると……

ビレンキンは，小さな宇宙の卵を考え，その大きさをどんどん小さくしていったら何がおきるのかを考えました。その結果，大きさをゼロにしても，トンネル効果はおきうると考えました。

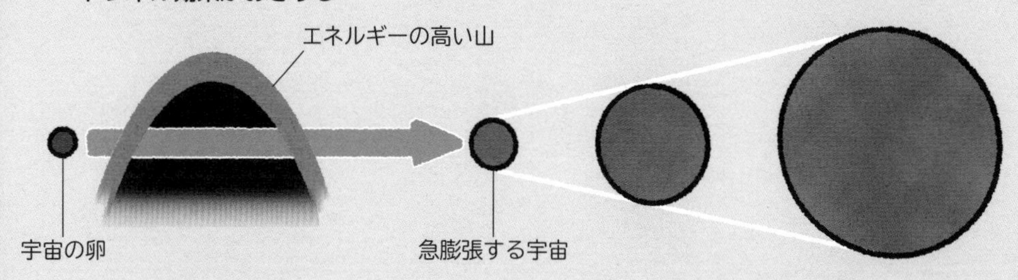

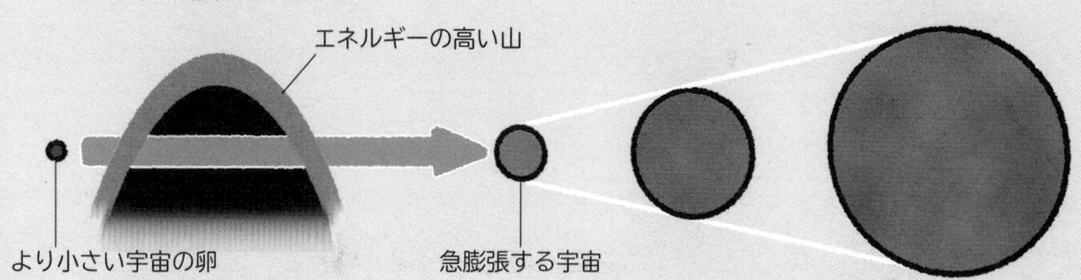

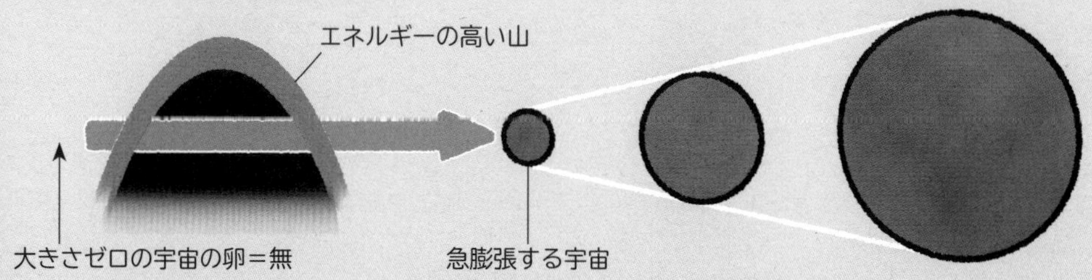

博士！
教えて!!

宇宙の膨張はなぜわかったの？

博士，宇宙が膨張してるって，なんでわかったんですか？

最初は，アインシュタインの一般相対性理論からみちびきだされたんじゃ。その後，アメリカの天文学者のハッブルが，観測で宇宙の膨張を発見しておる。

へぇ～。観測でどうやってわかったんですか？

地球からさまざまな距離にある銀河を観測したところ，遠くにある銀河ほど，速く遠ざかっていることがわかったんじゃ。

えっ，どういうことですか？

ふむ。たとえば宇宙全体が1時間で2倍に膨張する場合，地球から1億光年先の銀河は2億光年先に移動するから時速1億光年，10億光年先の銀河は20億年光年先に移動するから時速10億光年じゃ。どうじゃ，遠くにある銀河ほど，速く遠ざかるじゃろ。これは，宇宙全体が膨張しているからこそおきることなんじゃ。むずかしいかの。

銀河が地球から遠ざかるような運動をしていること，遠ざかる速さがその銀河までの距離に比例していることを，「ハッブル・ルメートルの法則」といいます。

6 誕生直後の宇宙に，虚数時間が流れていたのかもしれない

虚数の時間が流れていたなら，特異点は回避できる

一般相対性理論だけで宇宙のモデルを考えると，宇宙のはじまりは計算不可能な「特異点」になってしまいます。**ところが，宇宙が生まれたときに「虚数の時間」が流れていたとすると，この特異点は回避できるといいます。これを，「無境界仮説」といいます。**無境界仮説は，イギリスの理論物理学者のスティーブン・ホーキング（1942～

虚数時間の宇宙モデル

イラストは，一般相対性理論のみからみちびかれた宇宙誕生モデルと，量子論を取り入れてみちびかれた宇宙誕生モデルの形を，くらべたものです。量子論を取り入れたモデルでは，虚数時間が宇宙誕生の瞬間に導入されたことで，空間と時間の区別はなくなり，底の形がなめらかになります。

一般相対性理論のみからみちびかれた宇宙誕生モデル

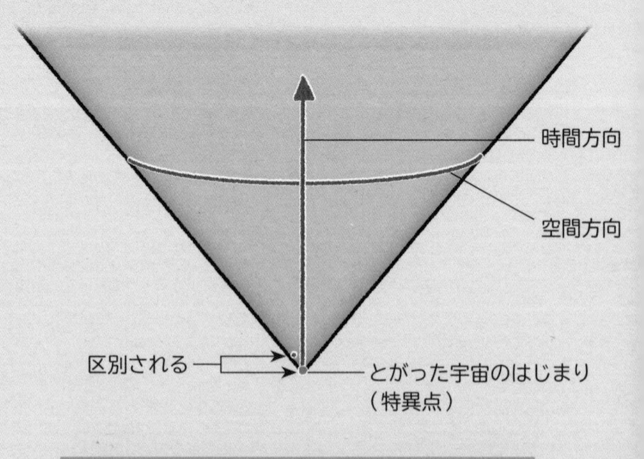

宇宙のはじまりが特異点になってしまい，宇宙誕生の瞬間を物理学的に計算すると破たんします。

2018）と，アメリカの物理学者のジェームズ・ハートル（1939～　）が提唱しました。

空間と時間を同じレベルであつかえる

私たちがふだん使う実数時間の世界では，空間と時間のあつかいはことなります。空間の中は自由に行き来できるのに対して，時間は過去から未来への一方向にしか進めません。ところが，虚数時間が流れる世界では，計算上，空間と時間を同じレベルであつかえます。**宇宙のはじまりで空間と時間が同等になると，宇宙のはじまりは計算不可能な「特異点」ではなくなり，ほかの時期の宇宙と何ら区別されないことになるのです。**

一般相対性理論と量子論からみちびかれた宇宙誕生モデル

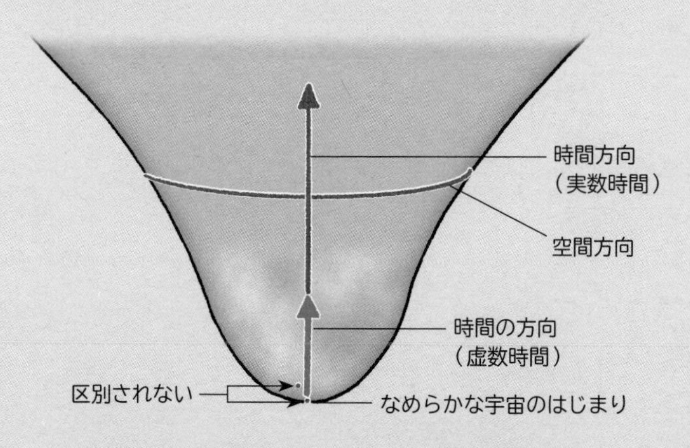

空間と時間の区別はなく，特異点は回避され，宇宙誕生を解き明かす望みがつながれました。

7 虚数時間で，エネルギーの山は谷になる

上り坂が，虚数時間の世界では下り坂とみなせる

虚数の時間が流れる世界は，私たちの実数時間の世界とは何がことなるのでしょうか。例をあげると，運動の向き（加速度の向き）のちがいがあります。虚数時間の世界では，力を受けた物体が，力とは逆向きに動くのです。**坂道であれば，実数時間の世界では上り坂だった坂が，虚数時間の世界では下り坂とみなせます。**

宇宙の卵は，谷を通って急膨張する宇宙に転じた

これを，宇宙誕生の瞬間にあてはめて考えてみるとどうでしょうか。**生成してすぐに消滅する宇宙の卵が，急膨張する宇宙に転じるためにこえるべき高い山は，実質的に谷になります。**そのため宇宙の卵は，右ページのイラストのように谷を通って急膨張する宇宙に難なく転じることができます。つまり虚数時間が流れていたと仮定することで，宇宙創生時のトンネル効果を，自然に説明することができるのです。

山が谷になる

宇宙が誕生した瞬間，虚数の時間が流れていたと仮定すると，宇宙の卵に立ちはだかっていた山は，谷とみなせます。宇宙の卵は，谷を下って楽に，谷の向こう側に行き着くことができるのです。そこまで行き着いた宇宙の卵は，急膨張をはじめます。

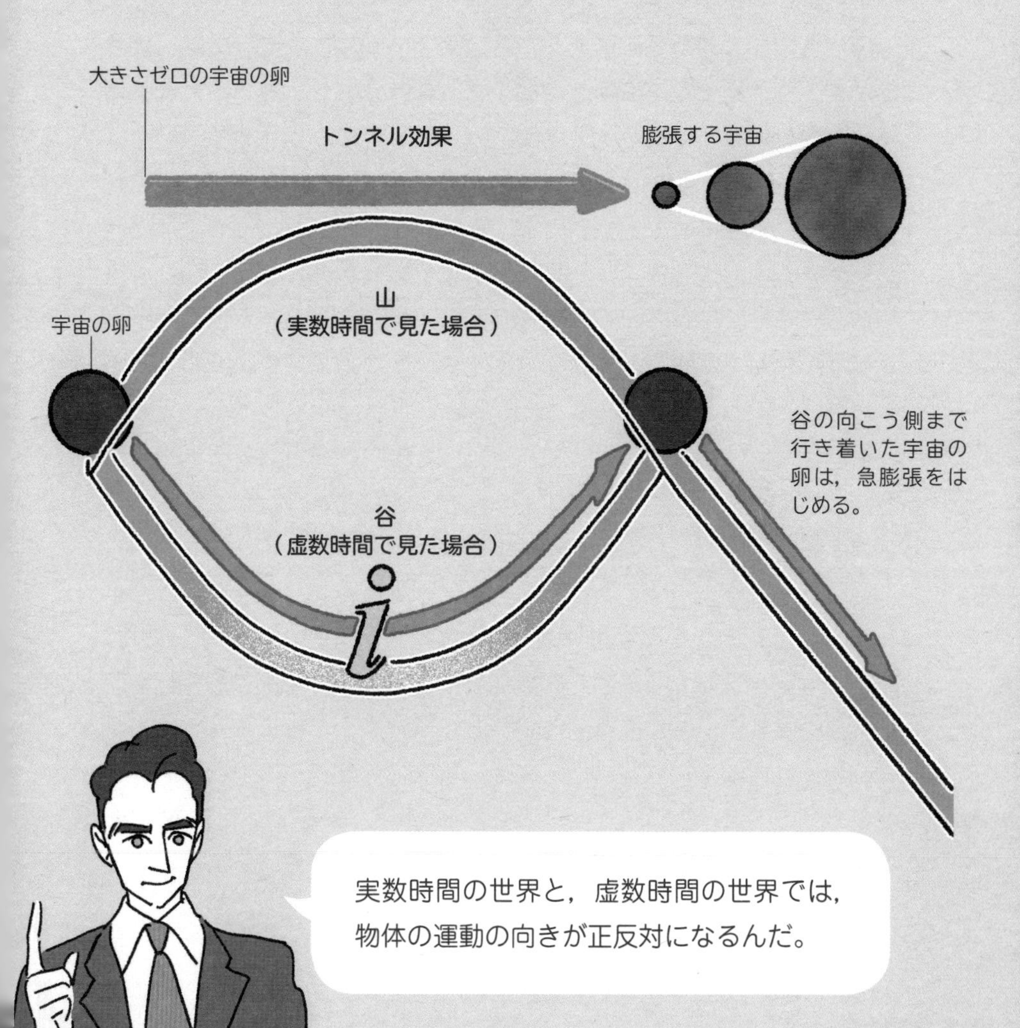

8 生まれ変わる宇宙は，無からはじまったのか？

宇宙は，誕生と終焉をくりかえしている

無から宇宙がはじまったという説がある一方で，「宇宙にはじまりはなく，誕生と終焉（膨張と収縮）をくりかえしている」と考える物理学者もいます。 このような仮説は，「サイクリック宇宙論」とよばれています。サイクリック宇宙論によると，ビッグバンを経て膨張しつづけていた宇宙は，あるところで収縮しはじめ，最後には宇宙空間がすべて1点に集まる「ビッククランチ」がおきます。しかし，まるで地面にむけて投げたゴムボールが大きくはね上がるように，宇宙はふたたび急激な膨張に転じ，またビッグバンを経て生まれ変わるかもしれないというのです。

生まれ変わる宇宙は，以前と同じ状態に戻れない

もし，このような膨張と収縮のくりかえしが永遠につづいているとすれば，宇宙は無から生まれたわけではなく，ずっと前から存在していたということになります。 ところが，このように生まれ変わる宇宙は，以前とまったく同じ状態に戻ることはできないということをみちびく計算結果が，1934年に発表されました。そのため21世紀に入るまでは，サイクリック宇宙論であっても，宇宙にははじまりがあったと考えられていました。

サイクリック宇宙論

宇宙はビッグバンを経て膨張し，その後ビッグクランチによってつぶれてしまう可能性があるといいます。これを何度もくりかえして，宇宙が生まれ変わっているという仮説が，「サイクリック宇宙論」です。

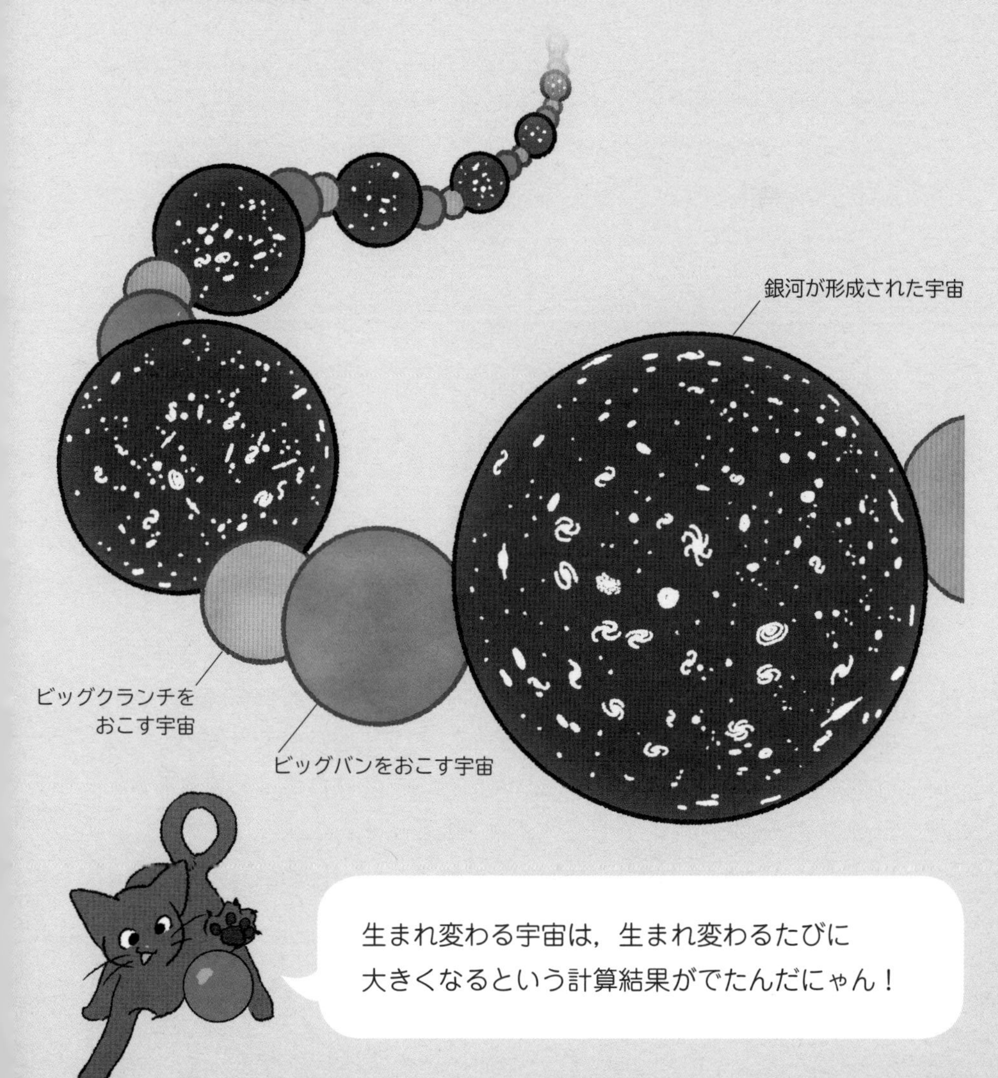

生まれ変わる宇宙は，生まれ変わるたびに大きくなるという計算結果がでたんだにゃん！

時空の無を考えない宇宙誕生のシナリオもある

3次元空間の宇宙は，高次元空間に浮かぶ膜

21世紀に入って，宇宙にははじまりがあったという，初期のサイクリック宇宙論の問題を解決する理論が示されました。それが，「エキピロティック宇宙論」です。

エキピロティック宇宙論のもとになったのは，「ブレーンワールド」という仮説です。私たちは，縦・横・高さがある3次元の空間に暮らしています。ブレーンワールドでは，6次元または7次元の高次元空間が広がっていて，3次元空間の宇宙はこうした高次元空間に浮かぶ膜（ブレーン）のようなものだと考えます。膜は一つだけではなく，まったく別の膜が浮かんでいる可能性があるといいます。

膜どうしが衝突して生まれ変わりがおきる

エキピロティック宇宙論は，この二つの膜どうしがたがいに接近，衝突して，そのぼう大なエネルギーが生まれ変わりを引きおこすと考えるのです。このような膜の運動によって，宇宙が誕生と終焉を永遠にくりかえしていると考えます。この場合，無から宇宙が誕生したというシナリオは考えなくてよいことになります。

宇宙のはじまりに究極の無はあったのか，なかったのか。さまざまな仮説の検証が望まれています。

くりかえされる膜の衝突

高次元空間に浮かぶ二つの膜（ブレーン）が，衝突をくりかえすイメージをえがきました。1から時計まわりに4まで進み，また1へともどります。このように，私たちの宇宙は生まれ変わりをくりかえしているのかもしれません。

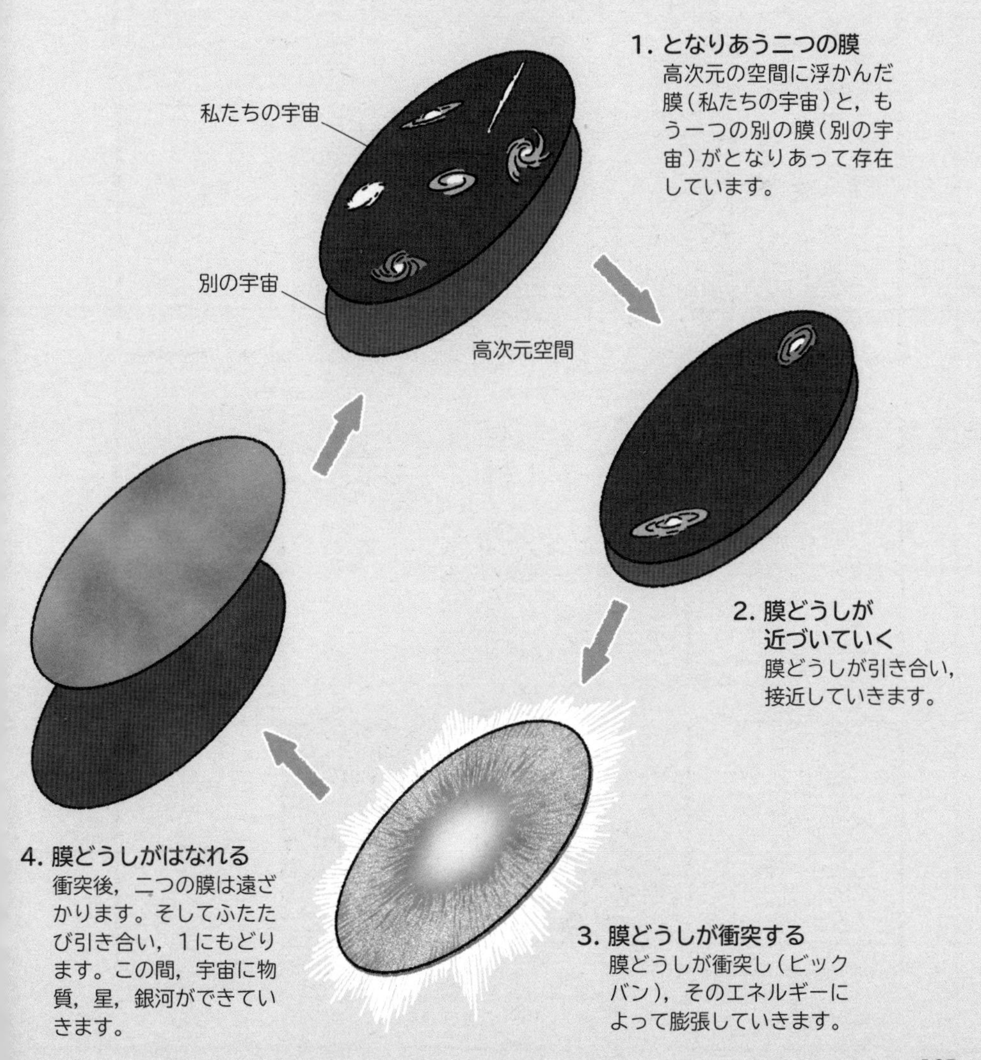

ビレンキン苦難の道のり

1949年
旧ソビエト連邦
ウクライナ共和国で
ビレンキンは
生まれた

彼の人生は
決して恵まれた
ものではなかった

ハルキウ大学で
物理学を
学んでいたとき

国家保安委員（KGB）
から仕事の依頼がきた

ビレンキンは
その依頼をことわった

国家への協力を
拒否した結果
大学院へは
進学できなかった

その後徴兵。
兵役を終えた後は

州立動物園で
夜間警備員として
働きながら
物理学を勉強した

無からの宇宙創生論を発表

Staff

Editorial Management　木村直之
Editorial Staff　井手 亮
Cover Design　岩本陽一
Editorial Cooperation　オフィス201（奥村典子，高野恵子）

Illustration

表紙カバー　岡田悠梨乃
表紙　岡田悠梨乃
11 ～ 87　岡田悠梨乃
88 ～ 92　カサネ・治さんのイラストを元に
岡田悠梨乃が作成
93～125　岡田悠梨乃

監修（敬称略）：
和田純夫（元東京大学専任講師）

本書は主に，Newton 別冊『無（ゼロ）の科学』とNewton 別冊『インフレーション，パラレル宇宙論』の一部記事を抜粋し，大幅に加筆・再編集したものです。

初出記事へのご協力者（敬称略）：
足立恒雄（早稲田大学名誉教授）
家 正則（国立天文台名誉教授）
江沢 洋（学習院大学名誉教授）
奥田雄一（東京工業大学名誉教授）
佐々木真人（東京大学宇宙線研究所准教授）
橋本省二（素粒子原子核研究所 理論センター教授）
林 隆夫（同志社大学名誉教授）
藤井恵介（高エネルギー加速器研究機構名誉教授，シニアフェロー）
前田恵一（早稲田大学理工学術院教授・高等研究所所長）
湯本雅恵（東京都市大学名誉教授）
和田純夫（元東京大学専任講師）

最強に面白い!!
無

2020年6月15日発行

発行人　高森康雄
編集人　木村直之
発行所　株式会社 ニュートンプレス　〒112-0012 東京都文京区大塚3-11-6

ISBN978-4-315-52244-0